1

Allgemeine Gefahreigenschaften

Dokumentation

Fahrzeug- & Beförderungsarten, Umschließungen, Ausrüstung

Aufschriften, Bezettelung und Kennzeichnung

Durchführung der Beförderung

Pflichten, Verantwortlichkeiten und Sanktionen

Maßnahmen nach Unfällen und Zwischenfällen

Allgemeine Gefahreigenschaften

2

Dokumentation

3

Allgemeine Vorschriften

Allgemeine Gefahreigenschaften

Dokumentation

Fahrzeug- & Beförderungsarten, Umschließungen, Ausrüstung

Aufschriften, Bezettelung und Kennzeichnung

Durchführung der Beförderung

Pflichten, Verantwortlichkeiten und Sanktionen

Maßnahmen nach Unfällen und Zwischenfällen

Aufschriften, Bezettelung und Kennzeichnung

5

Allgemeine Vorschriften

Allgemeine Gefahreigenschaften

Dokumentation

Fahrzeug- & Beförderungsarten, Umschließungen, Ausrüstung

Aufschriften, Bezettelung und Kennzeichnung

Durchführung der Beförderung

6

Pflichten, Verantwortlichkeiten und Sanktionen

Maßnahmen nach Unfällen und Zwischenfällen

Pflichten, Verantwortlichkeiten und Sanktionen

7

Allgemeine Vorschriften

Allgemeine Gefahreigenschaften

Dokumentation

Fahrzeug- & Beförderungsarten, Umschließungen, Ausrüstung

Aufschriften, Bezettelung und Kennzeichnung

Durchführung der Beförderung

Pflichten, Verantwortlichkeiten und Sanktionen

Maßnahmen nach Unfällen und Zwischenfällen

8

Schulungsprogramm Gefahrguttransport

Springer-Verlag Berlin Heidelberg GmbH

Siegfried Kreth

Schulungsprogramm Gefahrguttransport

Referentenunterlagen
Stück- und Schüttgutfahrer
3. Auflage

 Springer

Dr. Ing. Siegfried Kreth
DEKRA AG Akademie
Marie-Curie-Straße 18
68219 Mannheim

ISBN 978-3-540-62426-4   ISBN 978-3-662-25055-6 (eBook)
DOI 10.1007/978-3-662-25055-6

Die Wiedergabe von Gebrauchsnamen, Handelsnamen, Warenbezeichnungen usw. in diesem Werk berechtigt auch ohne besondere Kennzeichnung nicht zu der Annahme, daß solche Namen im Sinne der Warenzeichen- und Markenschutz-Gesetzgebung als frei zu betrachten wären und daher von jedermann benutzt werden dürfen.

Sollte in diesem Werk direkt oder indirekt auf Gesetze, Vorschriften oder Richtlinien (z.B. DIN, VDI, VDE) Bezug genommen oder aus ihnen zitiert worden sein, so kann der Verlag keine Gewähr für die Richtigkeit, Vollständigkeit oder Aktualität übernehmen. Es empfiehlt sich, gegebenenfalls für die eigenen Arbeiten die vollständigen Vorschriften oder Richtlinien in der jeweils gültigen Fassung hinzuziehen.

Die gemachten Angaben wurden nach besten Wissen erstellt. Dennoch können mögliche Fehler nicht ausgeschlossen werden. Aus diesem Grunde sind alle Angaben weder mit einer Verpflichtung noch Garantie seitens des Autors oder des Verlages verknüpft. Eine Haftungs- oder Verantwortungsübernahme für unrichtige Angaben wird insofern für Verlag und Autoren ausgeschlossen.

Herstellung: Renate Schulte
Gestaltung, Illustrationen, Einband, Typographie: de'blik, Berlin
Gesetzt in: Thesis Sans

SPIN 10565654   51/3020-5 4 3 2 1 0-Gedruckt auf säurefreiem Papier

Fahrplan zur 2. Austauschlieferung, Seite 1

Die rot unterlegten Seiten sind auszutauschen.

F = Overheadfolie, **K** = Karton

Kapitel 1	Kapitel 2	Kapitel 3	Kapitel 4
K Indexblatt	K Indexblatt	K Indexblatt	K Indexblatt
F 3	F 23	F 45	F 73
F 4	F 24	F 46	F 74
F 5	F 25	F 47	F 75
F 6	F 26	F 48	F 76
F 7	F 27	F 49	F 77
F 7a	F 28	F 50	F 78
F 8	F 29	F 51	F 79
F 9	F 30	F 52	F 80
F 10	F 31	F 53	F 81
F 11	F 32	F 54	F 82
F 12	F 33	F 55	F 82a
F 13	F 34	F 56	F 83
F 14	F 35	F 57	F 84
F 15	F 36	F 58	F 85
F 16	F 37	F 59	F 86
F 17	F M 38	F 60	F M 87
F M 18	F M 39	F 61	F M 88
F M 19	F M 40	F 62	F Ü 89
F Ü 20	F Ü 41	F 63	F Ü 89a
F Ü 20a	F Ü 41a	F 64	K 4a
K 1a	K 2a	F 65	
F 1b		F 66	
F 1c		F 67	
F 1d		F M 68	
F 1e		F M 69	
		F Ü 70	
		F Ü 70a	
		K 3a	
		K 3b	

Fahrplan zur 2. Austauschlieferung, Seite 2

Die rot unterlegten Seiten sind auszutauschen.

F = Overheadfolie, **K** = Karton

Kapitel 5	Kapitel 6	Kapitel 7	Kapitel 8
K Indexblatt	K Indexblatt	K Indexblatt	K Indexblatt
F 93	F 105	F 129	F 143
F 94	F 106	F 130	F 144
F 95	F 107	F 131	F 145
F 96	F 108	F 132	F 146
F 97	F 109	F 133	F 147
F 98	F 110	F 134	F 148
F 99	F 111	F 135	F M 149
F 100	F 112	F 136	F M 150
F 101 a	F 113	F M 137	F Ü 151
F 101 b	F 114	F M 138	F *Ü 151 a*
F 101 c	F 115	F Ü 139	K *8a*
F 101 d	F 116	F *Ü 139 a*	
F 101 e	F 117	K *7a*	
F M 102a	F 118	F *7b*	
F M 102 b	F 119	F *7c*	
F Ü 102 c	F 120	F *7d*	
F *Ü 102c a*	F 121	F *7e*	
K *5a*	F M 122	F *7f*	
	F M 123		
	F M 124		
	F Ü 125		
	F *Ü 125 a*		
	F Ü 126		
	F *Ü 126 a*		
	K *6a*		

Rn 3510
Rn 10003
Rn 10011
Rn 10014 → RS 002, Nr. 23.1 – 2
Rn 10111 → RS 002, Nr. 24
Rn 10118 → 11118 → 21118 → 41118 → 42118 → 43118 →
        51118 → 52118 → 61118 → 62118 → 81118 → 91118
Rn 10204 → 11204 → 41204 → 42204 → 43204 → 51204 →
52204
Rn 10240 → 21240 → 61240 → 81240 → 91240
Rn 10251 → 11251
Rn 10260 → 21260 → 61260 → RS 002, Nr. 29/38
Rn 10353 → 71353
Rn 10385 → 61385 → 71385 → 91385

Anhang A.2 / A.5 / A.6

StVZO, § 41 (14), Unterlegkeile
StVZO, §§ 22a (1) 16 und 53a (3), Bauartprüfung Warnleuchten

ZH-Richtlinien des Hauptverbandes der gewerblichen
Berufsgenossenschaften:

– ZH 1/192 Augenschutz-Merkblatt
– ZH 1/570 Schutzhandschuh-Merkblatt

Film: Gefahrgutausbildung Teil 2
'Verpackungen für Gefahrgut' ca. 15 min.
auch Teil 5

4

Fahrzeug- und
Beförderungsarten,
Umschließungen,
Ausrüstung

a

Zusatzinformation/Quellennachweis zum Themensektor 5

Rn 10011 (Tabelle der begrenzten Menge)

Rn 10500 (Allg.)

Rn 2007 (See-/Luft)
Rn 11500 (Klasse 1)
Rn 61500 (Klasse 6.1)
Rn 71500 (Klasse 7)

RS 002, Nr. 23.1 (Wechselbrücke)/Nr. 23.2 (Beförderungseinheit)
RS 002, Nr. 37.1 – 37.6

Film: Gefahrgutausbildung Teil 3
'Kennzeichnung von Fahrzeugen und Verpackungen' ca. 16
min

Gefahrgutverordnung Straße (GGVS)

Diese Verordnung regelt die innerstaatliche und grenzüberschreitende einschließlich innergemeinschaftliche (von und nach Mitgliedstaaten der Europäischen Union) Beförderung gefährlicher Güter auf der Straße mit Fahrzeugen in Deutschland.

Rahmenverordnung (§§ 1–13)
Beispiele:
- Begriffsbestimmungen (§ 2)
- Allgemeine Sicherheitspflichten (§ 4)
- Beförderung gefährlicher Güter der Anlage 1 (§ 7)
- Verantwortlichkeiten (§ 9)
- Ordnungswidrigkeiten (§ 10)

Anlage 1
- Gefährliche Güter, für deren innerstaatliche und grenzüberschreitende Beförderung § 7 gilt.

Anlage 2
Abweichungen von den Anlagen A und B des ADR für innerstaatliche Beförderungen
Beispiele:
- 3-Jahresfrist für Auffrischungskurs
- Verbot von Feuer und offenem Licht

Anlage 3
Nicht oder beschränkt zu benutzende Autobahnstrecken.

§ 1 GGVS verweist auf die Anlagen A und B des ADR-Übereinkommens. Somit gelten die Vorschriften dieser Anlagen unmittelbar auch für innerstaatliche Beförderungen.

Anlage A	**Anlage B**
Beispiele:	Beispiele:
– *Stoffaufzählung*	– *Fahrzeugarten*
– *Verpackungsvorschriften*	– *Fahrzeugausrüstung*
– *Bezettelung der Versandstücke*	– *Begleitpapiere*
	– *Kennzeichnung der Fahrzeuge*

Anhänge A
– Anhang A.5: Anforderungen an
  die Verpackungen
– Anhang A.9: Vorschriften für die
  Gefahrzettel

Anhänge B
– Anhang B.4: Aufbau der Schulung
  für Gefahrgutfahrer
– Anhang B.5: Verzeichnis der Stoffe
  und Kennzeichnungsnummern

Arbeitsblatt

In welchem Teil der GGVS sind folgende Regelungen enthalten?

1. Fahrwegbestimmung
   - *Rahmenverordnung*
   - *Anlage A*
   - *Anlage B*

2. Aufzählung der gefährlichen
   Güter
   - *Rahmenverordnung*
   - *Anlage A*
   - *Anlage B*

3. Rauchverbot bei Ladearbeiten
   - *Rahmenverordnung*
   - *Anlage A*
   - *Anlage B*

4. Verantwortlichkeiten
   - *Rahmenverordnung*
   - *Anlage A*
   - *Anlage B*

5. Verpackung der Gefahrgüter
   - *Rahmenverordnung*
   - *Anlage A*
   - *Anlage B*

6. Ausbildung der Fahrzeugführer
   - *Rahmenverordnung*
   - *Anlage A*
   - *Anlage B*

7. Kennzeichnung der Fahrzeuge
   mit Warntafeln
   - *Rahmenverordnung*
   - *Anlage A*
   - *Anlage B*

8. Ordnungswidrigkeiten
   - *Rahmenverordnung*
   - *Anlage A*
   - *Anlage B*

9. Ausrüstung der Fahrzeuge mit
   Feuerlöschern
   - *Rahmenverordnung*
   - *Anlage A*
   - *Anlage B*

Anhänge A
- Anhang A.5: Anforderungen an die Verpackungen
- Anhang A.9: Vorschriften für die Gefahrzettel

Anhänge B
- Anhang B.4: Aufbau der Schulung für Gefahrgutfahrer
- Anhang B.5: Verzeichnis der Stoffe und Kennzeichnungsnummern

Arbeitsblatt

In welchem Teil der GGVS sind folgende Regelungen enthalten?

1. Fahrwegbestimmung
   - ☒ *Rahmenverordnung*
   - ☐ *Anlage A*
   - ☐ *Anlage B*

2. Aufzählung der gefährlichen Güter
   - ☐ *Rahmenverordnung*
   - ☒ *Anlage A*
   - ☐ *Anlage B*

3. Rauchverbot bei Ladearbeiten
   - ☐ *Rahmenverordnung*
   - ☐ *Anlage A*
   - ☒ *Anlage B*

4. Verantwortlichkeiten
   - ☒ *Rahmenverordnung*
   - ☐ *Anlage A*
   - ☐ *Anlage B*

5. Verpackung der Gefahrgüter
   - ☐ *Rahmenverordnung*
   - ☒ *Anlage A*
   - ☐ *Anlage B*

6. Ausbildung der Fahrzeugführer
   - ☐ *Rahmenverordnung*
   - ☐ *Anlage A*
   - ☒ *Anlage B*

7. Kennzeichnung der Fahrzeuge mit Warntafeln
   - ☐ *Rahmenverordnung*
   - ☐ *Anlage A*
   - ☒ *Anlage B*

8. Ordnungswidrigkeiten
   - ☒ *Rahmenverordnung*
   - ☐ *Anlage A*
   - ☐ *Anlage B*

9. Ausrüstung der Fahrzeuge mit Feuerlöschern
   - ☐ *Rahmenverordnung*
   - ☐ *Anlage A*
   - ☒ *Anlage B*

Die Gefahrgutklassen

Bezeichnung der Klasse

 **1** Explosive Stoffe und Gegenstände mit Explosivstoff

 **2** Gase

 **3** Entzündbare flüssige Stoffe

 **4.1** Entzündbare feste Stoffe

 **4.2** Selbstentzündliche Stoffe

 **4.3** Stoffe, die in Berührung mit Wasser entzündbare Gase entwickeln

2. Beträgt die Sichtweite durch Nebel, Schneefall oder Regen
   weniger als 50 m, so darf der Fahrzeugführer nicht
   schneller als 50 km/h fahren, wenn nicht eine geringere
   Geschwindigkeit geboten ist.

3. Unbeschadet sonstiger Überholverbote dürfen die Führer
   von Kraftfahrzeugen mit einem zulässigen Gesamtgewicht über 7.5 t nicht überholen, wenn die Sichtweite
   durch Nebel, Schneefall oder Regen weniger als 50 m
   beträgt.

Kreislaufwirtschafts- und Abfallgesetz

Dieses Gesetz regelt unter anderem die geordnete Entsorgung und die Genehmigung für den Transport von
Abfällen.
Abfälle im Sinne dieses Gesetzes sind bewegliche Sachen,
deren sich der Besitzer entledigen will oder deren geordnete Entsorgung zur Wahrung des Wohls der Allgemein-
heit, insbesondere des Schutzes der Umwelt, geboten ist.
Abfalltransporte, für die eine Genehmigungspflicht
besteht, müssen mit zwei rechteckigen rückstrahlenden
weißen Warntafeln von 40 cm Grundlinie und mindestens 30 cm Höhe versehen sein; die weissen Warntafeln
müssen in schwarzer Farbe die Aufschrift 'A' tragen.

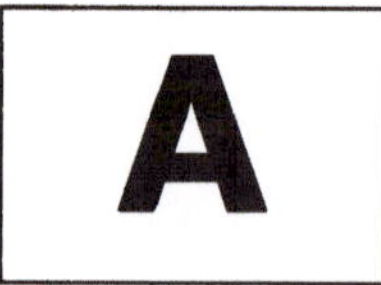

Der Nachweis über die durchgeführte Entsorgung von
besonders überwachungsbedürftigen Abfällen wird mit
Hilfe der Begleitscheine geführt.

Vertragsstaaten des ADR

1. Belgien
2. Bosnien-Herzegowina
3. Bulgarien
4. Bundesrepublik Deutschland
5. Dänemark
6. Estland
7. Finnland
8. Frankreich
9. Griechenland
10. Italien
11. Jugoslawien/Serbien
12. Kroatien
13. Lettland
14. Lichtenstein
15. Litauen
16. Luxemburg
17. Niederlande
18. Norwegen
19. Österreich
20. Polen
21. Portugal
22. Rumänien
23. Russische Föderation
24. Schweden
25. Schweiz
26. Slowakische Republik
27. Slowenien
28. Spanien
29. Tschechische Republik
30. Ungarn
31. Vereinigtes Königreich (UK)

   UK= United Kingdom = England [Insel] und Nordirland

32. Weißrußland (Belarus)

Memorandum of Understanding = Abkommen der Ostseeanlieger-Staaten

Finnland, Schweden, Dänemark und Bundesrepublik Deutschland

über Gefahrgutbeförderung auf Fährschiffen (Ro/Ro-Verkehr).

Beispiele:

1. Bundesrepublik – Großbritannien via Niederlande
   Landwege *gilt ADR*
   Seeweg *gilt IMDG-Code*

2. Bundesrepublik – Großbritannien via Frankreich
   Landwege *gilt ADR*
   Seeweg *gilt IMDG-Code*

3. Bundesrepublik – Norwegen
   Landwege *gilt ADR*
   Seeweg *gilt IMDG-Code*

4. Bundesrepublik – Dänemark
   Landwege *gilt ADR*
   Seeweg *gilt Memorandum*

5. Bundesrepublik – Schweden
   Landwege *gilt ADR*
   Seeweg *gilt Memorandum*

6. Bundesrepublik – Finnland
   Landwege *gilt ADR*
   Seeweg *gilt Memorandum*

7. Bundesrepublik – Polen
   Landwege *gilt ADR*
   Seeweg *gilt IMDG-Code*

8. Bundesrepublik – RUS
   Landwege *gilt ADR*
   Seeweg *gilt IMDG-Code*

ADR-Vertragsstaaten; wo gilt was?

Nur für Beförderungen mit Straßenfahrzeugen

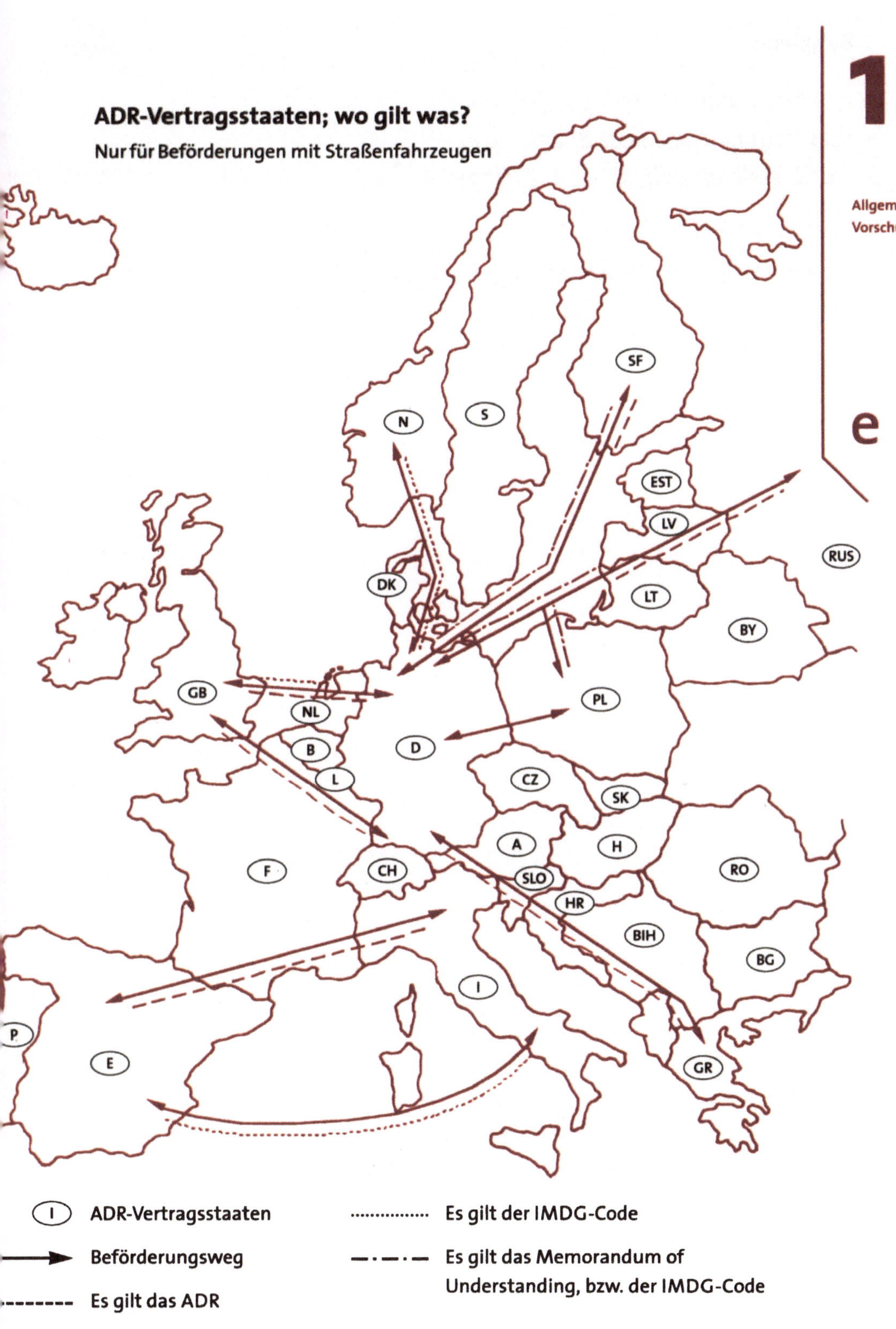

Ⓘ	ADR-Vertragsstaaten	
→	Beförderungsweg	
- - - - - - -	Es gilt das ADR	

- - - - - - - - - Es gilt der IMDG-Code

— . — . — Es gilt das Memorandum of Understanding, bzw. der IMDG-Code

Beispiele:

- *1553 Arsensäure; Klasse 6.1, Ziffer 51a)*
- *1824 Natronlauge; Klasse 8, Ziffer 42b)*
- *1202 Dieselkraftstoff; Klasse 3, Ziffer 31c)*

Die **letzte Ziffer der Stoffaufzählung** einer jeden Klasse ist
für **leere ungereinigte Verpackungen,** einschließlich
Großpackmittel, leere Tankfahrzeuge, leere Aufsetztanks
und leere Tankcontainer reserviert.

Zum Beispiel:
leere ungereinigte Verpackungen Klasse 3, Ziffer 71

Gefahrklasse 1

Explosive Stoffe und Gegenstände mit Explosivstoff

Hauptgefahr: Explosion und extreme Hitze durch Brand oder Verbrennung.

Zusätzliche Gefahren: Können sich aus der Empfindlichkeit der Stoffe und der Verträglichkeit untereinander ergeben. Stoffe und Gegenstände der Klasse 1 sind stoß- und schlagempfindlich. Sie sind auch empfindlich gegen Hitze (Feuer) und Funken.

Stoffe und Gegenstände der Klasse 1 sind aufgrund ihrer Gefährlichkeit in Unterklassen eingestuft:

1.1 Stoffe und Gegenstände, die massenexplosionsfähig sind.

1.2 Stoffe und Gegenstände, die die Gefahr der Bildung von Splittern, Spreng- und Wurfstücken aufweisen, die aber nicht massenexplosionsfähig sind.

1.3 Stoffe und Gegenstände, die eine Feuergefahr besitzen und die entweder eine geringe Gefahr durch Luftdruck oder eine geringe Gefahr durch Splitter, Spreng- und Wurfstücke oder durch beides aufweisen, aber nicht massenexplosionsfähig sind.

1.4 Stoffe und Gegenstände, die auf Grund ihrer geringen Explosionsgefahr keine bedeutsame Gefahr darstellen.

1.5 Sehr unempfindlich massenexplosionsfähige Stoffe. Übergang von Brand zur Detonation ist unter normalen Beförderungsbedingungen sehr gering.

1.6 Extrem unempfindliche Gegenstände, die nicht massenexplosionsfähig sind.

Typische Stoffe:
– *0209 Trinitrotoluen (TNT); Klasse 1, Ziffer 4, 1.1 D*
– *0327 Patronen für Waffen; Klasse 1, Ziffer 27, 1.3 C*
– *0337 Feuerwerkskörper; Klasse 1, Ziffer 47, 1.4 S*

Gefahrklasse 2

Gase

Hauptgefahr: Gase stehen unter Druck (Berstgefahr)

Zusatzgefahren:
- giftig
- ätzend
- oxidierend
- brennbar

Weitere zusätzliche Gefahren können sein:
- extreme Kälte
- erstickende Wirkung
- gesundheitsschädlich

Auf Grund ihrer gefährlichen Eigenschaften sind Stoffe der Klasse 2 unterteilt in:

A = erstickend/*asphyxiant*

O = oxidierend/*oxidizing*

F = entzündbar/*flammable*

TF = giftig, entzündbar/*toxic, flammable*

TC = giftig, ätzend/*toxic, corrosive*

TO = giftig, oxidierend/*toxic, oxidizing*

TFC = giftig, entzündbar, ätzend/*toxic, flammable, corrosive*

TOC = giftig, oxidierend, ätzend/*toxic, oxidizing, corrosive*

Typische Stoffe:
- *1072 Sauerstoff; Klasse 2, Ziffer 1O)*
- *1001 Acetylen; Klasse 2, Ziffer 4F)*
- *1013 Kohlendioxid; Klasse 2, Ziffer 2A)*
- *1978 Propan (Gemisch); Klasse 2, Ziffer 2F)*
- *1017 Chlor; Klasse 2, Ziffer 2TC)*

Gefahrklasse 5.1

Entzündend (oxidierend) wirkende Stoffe

Hauptgefahr: Oxydierend

Zusatzgefahren:
– giftig
– ätzend

Weitere zusätzliche Gefahren können sein:
– Explosionsfähig
– Gesundheitsschädlich
– Stoß, Reibung und Vermischung mit anderen Stoffen
  kann zu einer Entzündung führen

Gefährlichkeitsgrad:
a = stark entzündend (oxydierend) wirkend
b = entzündend (oxydierend) wirkend
c = schwach entzündend (oxydierend) wirkend

Typische Stoffe:
– *2067 Ammoniumnitrathaltige Düngemittel;*
  Klasse 5.1, Ziffer 21c)
– *2015 Wasserstoffperoxid, stabilisiert;*
  Klasse 5.1, Ziffer 1a)
– *1463 Chromsäure, fest; Klasse 5.1, Ziffer 31b)*

Gefahrklasse 6.1

Giftige Stoffe

Hauptgefahr: Giftig

Zusatzgefahren:
- brennbar
- ätzend
- gesundheitsschädlich (schwach giftig)

Weitere zusätzliche Gefahren können sein:
- feuergefährlich
- giftige Gase bei Berührung mit Wasser

WICHTIG !

Sehr giftige flüssige Stoffe mit einem Flammpunkt unter 23°C werden der Gefahrklasse 6.1 (Ziffern 1 bis 10) zugeordnet. Giftige flüssige Stoffe mit einem Flammpunkt unter 23°C und schwach giftige flüssige Stoffe mit einem Flammpunkt von 23°C bis einschließlich 61°C werden in der Regel der Gefahrklasse 3 zugeordnet.

Gefährlichkeitsgrad:

a = sehr giftig

b = giftig

c = schwach giftige Stoffe

Typische Stoffe:
- *1547 Anilin; Klasse 6.1, Ziffer 12b)*
- *1553 Arsensäure; Klasse 6.1, Ziffer 51a)*
- *2996 Lindan; Klasse. 6.1, Ziffer 72c)*
- *1649 Ethylfluid (Antiklopfmittel); Klasse 6.1, Ziffer 31a)*

Gefahrklasse 8

Ätzende Stoffe

Hauptgefahr: Ätzend

Zusatzgefahren:
- giftig
- feuergefährlich
- oxydierend

Weitere zusätzliche Gefahren können sein:
- Zerstörung der Haut
- Verätzung von Metall
- Möglichkeit heftiger Reaktionen untereinander
- Entwicklung giftiger Gase durch chemische Reaktion

WICHTIG !

Ätzende flüssige Stoffe mit einem Flammpunkt unter 23°C und schwach ätzende flüssige Stoffe mit einem Flammpunkt von 23°C bis einschließlich 61°C werden in der Regel der Gefahrklasse 3 zugeordnet.

Gefährlichkeitsgrad:

a = stark ätzend

b = ätzend

c = schwach ätzend

Typische Stoffe:
- *1805 Phosphorsäure; Klasse 8, Ziffer 17c)*
- *1824 Natronlauge; Klasse 8, Ziffer 42c)*
- *2796 Schwefelsäure; Klasse 8, Ziffer 1b)*
- *2031 Salpetersäure (mehr als 70% reiner Säure); Klasse 8, Ziffer 2a)*

Übungsfragen

1. Sie befördern eine Ladung der Gefahrgutklasse 8.

   Was ist die Hauptgefahr?

   ätzend

   Welche Nebengefahren sind möglich?

   giftig, feuergefährlich, oxydierend

2. Sie befördern ein Gefahrgut der Gefahrgutklasse 6.1.

   Was ist die Hauptgefahr?

   giftig

   Welche Nebengefahren sind möglich?

   brennbar, ätzend, gesundheitsschädlich

3. Was bedeuten in der Klasse 6.1 die Kleinbuch-
   staben:

   a *sehr giftige Stoffe*
   b *giftige Stoffe*
   c *schwach giftige Stoffe*

4. Sie befördern Abfall, der eine brennbare Flüssigkeit mit einem Flammpunkt unter 61°C enthält.
   Welche Vorschriften sind zu beachten?

   ☐ *nur das Abfallgesetz*
   ☐ *nur GGVS/ADR*
   ☒ *Abfallgesetz und GGVS/ADR*

Begleitpapiere

Für die Beförderung von Gefahrgütern auf der Straße
sind eine Anzahl von Begleitpapieren erforderlich. Sie
sind grundsätzlich mitzuführen und auf Verlangen den
zuständigen Überwachungsorganen (z.B. Polizei, BAG)
auszuhändigen.

Begleitpapiere

– Beförderungspapier

– Unfallmerkblätter

– ADR-Bescheinigung

– Bescheinigung der besonderen Zulassung (B.3 Bescheinigung)

– Fahrwegbestimmung nach § 7 GGVS.

– Bescheid der Ausnahmegenehmigung nach § 5 GGVS
  nur innerstaatlich

– Kopie einer ADR-Vereinbarung

– Kopie einer Genehmigung für bestimmte Stoffe der
  Klasse 1 (Rn 2110)

– Kopie einer Genehmigung für bestimmte Stoffe der
  Klasse 5.2 (Rn 2561)

– Kopie einer Genehmigung für bestimmte Stoffe der
  Klasse 7 (Rn 2716)

– Container – Packzertifikat

Beförderungspapier

Ein Beförderungspapier ist generell für alle Gefahrguttransporte vorgeschrieben. Die GGVS und das ADR
schreiben für das Beförderungspapier keine bestimmte
Form vor. Jeder Frachtbrief, Lieferschein etc., der für einen
allgemeinen Transport verwandt wird, kann auch im
Gefahrguttransport als Beförderungspapier eingesetzt
werden. In diesem Fall müssen gefahrgutspezifische
Angaben gemacht werden. Die erforderlichen Angaben
dienen als wichtige Information für die am Transport
beteiligten Personen und den Unfallhilfsdiensten, wie z.B.
Feuerwehr, Notarzt und Polizei. Das Beförderungspapier
muß vom Beförderer vor Fahrtantritt an den Fahrer übergeben werden.

**Folgende Angaben sind im Beförderungspapier
vorgeschrieben:**

1. Die Bezeichnung des Gutes einschließlich der Kennzeichnungsnummer des Stoffes (sofern vorhanden).

2. Die Klasse, die Ziffer der Stoffaufzählung, sowie
   gegebenenfalls den Buchstaben.

3. Die Großbuchstaben ADR.

4. Die Anzahl und Beschreibung der Versandstücke oder
   der Großpackmittel (IBC).

5. Die Bruttomasse, sowie für explosive Stoffe und Gegenstände die Netto-Explosivstoffmasse in Gramm oder
   Kilogramm.

6. Den Namen und die Anschrift des Absenders.

7. Den Namen und die Anschrift des Empfängers.

8. Eine Erklärung entsprechend den Vorschriften einer
   Sondervereinbarung.

Kann eine Ladung wegen ihrer Größe nicht auf eine Beförderungseinheit geladen werden, sind für alle Beförderungseinheiten Beförderungspapiere oder Abschriften anzufertigen.

Beim grenzüberschreitenden Verkehr müssen die Angaben im Beförderungspapier in einer amtlichen Sprache des Versandlandes abgefaßt sein. Ist diese Sprache nicht Englisch, Französisch oder Deutsch, zusätzlich in einer dieser Sprachen. Ein Frachtbrief in spanischer Sprache zum Beispiel, muß zusätzlich in englischer, französischer oder deutscher Sprache abgefaßt sein.

Befreiung vom Beförderungspapier

Ein Beförderungspapier ist nicht erforderlich, wenn die Menge des beförderten Gutes nach der Tabelle der 'begrenzten Mengen' Rn 10011 nicht überschritten wird [Ausnahme Nr.55 (S) GGAV].

Mögliche Zusatzangaben im Beförderungspapier

Innerstaatlich und grenzüberschreitend

– Beförderung auf Teilstrecke Eisenbahn:
Bei Beförderung auf einer Teilstrecke mit der Eisenbahn sind die Abkürzungen RID zu verwenden.

– Beförderung von/zu einem See- oder Flughafen:
Entsprechen die Verpackungs-, Aufschriften-, Bezettelungs- und Zusammenpackvorschriften für Versandstücke einschließlich Großpackmittel (IBC), Container und Tankcontainer nicht vollinhaltlich den Vorschriften des ADR, dürfen die see- bzw. luftrechtlichen Vorschriften angewendet werden.

Angaben im Beförderungspapier: 'Beförderung nach Rn. 2007 des ADR.'

- Klasse 2:
  Bei Gasgemischen muß die Zusammensetzung in Vol-%
  oder Masse-% angegeben werden.
  Angaben im Beförderungspapier : 'Gasgemisch Vol-%
  (Masse-%) = ...'

- Klasse 5.2
  Während der Beförderung von organischen Peroxiden
  sind die Kontroll- und Notfalltemperaturen anzugeben.

  Angaben im Beförderungspapier:
  Kontrolltemperatur: ....°C
  Notfalltemperatur: ....°C

- Bei der Beförderung von den in den a-Randnummern
  festgelegten Bestimmungen ist der Zusatz 'begrenzte
  Menge' anzugeben

- Güter für die § 7 gilt:
  Bei der Beförderung zum oder vom nächstgelegenen
  geeigneten Bahnhof oder Hafen muß im Beförderungspapier die Bezeichnung des Bahnhofs oder Hafens
  angegeben werden und zusätzlich 'Beförderung nach
  § 7 Abs. 4 Nr.2 GGVS' vermerkt sein.

Innerstaatlich

- Gefahrgutausnahmeverordnung (GGAV):
  Bei der Beförderung von Gefahrgut nach der Gefahrgut-
  ausnahmeverordnung können Zusatzangaben im
  Beförderungspapier erforderlich sein.
  Zum Beispiel bei der Nutzung der Ausnahme Nr. 76 (S) für
  die Beförderung bestimmter Gegenstände der Klasse 1:
  'Ausnahme Nr. 76'.

Grenzüberschreitend

– Absendererklärung (im Beförderungspapier oder einem
  gesonderten Papier):

**'Das zur Beförderung aufgegebene Gut ist nach den
Vorschriften des ADR zur Beförderung auf der Straße
zugelassen. Der Zustand, die Beschaffenheit, die Verpackung, das Großpackmittel (IBC), der Tankcontainer,
das Zusammenpacken, die Aufschriften und die
Bezettelung entsprechen den Vorschriften des ADR.'**

Im Falle der nach Rn. 10011 vorgesehenen Befreiung ist in
das Beförderungspapier zusätzlich zu vermerken:
**'Beförderung ohne Überschreitung der nach Rn. 10011
festgesetzten Freigrenze.'**

Wenn einer Beförderung gefährlicher Güter in Groß-
containern eine Seebeförderung folgt, ist dem Beförderungspapier ein **Container Packzertifikat** beizugeben, in
dem bestätigt wird, daß die Versandstücke fest gepackt,
ausreichend gesichert und gestaut sind.

Diese Erklärungen werden bei **grenzüberschreitender**
Beförderung **immer** gefordert.

(A) Absender Name und Postanschrift	**(B) Versandort**	**FRACHTBRIEF** für den gewerblichen Güterfernverkehr
Fa. Georg Schmidt AG	Belade-Stelle	**NR.**
Wohlgelegen 26	Gemeinde-Tarifbereich	
68309 Mannheim		Ordnungs-Nr. d. Genehmig.
(C) Empfänger Name und Postanschrift	**(D) Bestimmungsort**	
Fa. Friedrich Müller GmbH	Entlade-Stelle	**(N)** km Tarifentfernung
Sandstraße 47	Gemeinde-Tarifbereich	Amtl. Kennz. LKW / Nutzlast
64646 Meppenheim		Anh.
(E) Erklärungen, Vereinbarungen (ggf. Hinweis auf Spezialfahrzge.)	**(F) Weitere Beladestellen** (§ 20 KVO)	LKW
		Anh.
	(G) Weitere Entladestellen (§ 20 KVO)	Fahrzeug-Führer
		Begleiter
	KFZ-Wechsel in	Fahrten-buch-Nr.

(H) Bezeichnung der Sendung

Anzahl, Art, Verpackung	Zeichen Nr.	Inhalt (tarifmäßige Bezeichnung)	Güterart-Nr.	Bruttogewicht kg	
25 Fässer		2015 Wasserstoffperoxid Stabilisiert		10.000Kg	Beladung Fahrzeug bereitgestellt Tag / Stunde
		Kl. 5.1 Ziff. 1a, ADR			Beladung beendet Tag / Stunde
					Entladung Fahrzeug bereitgestellt Tag / Stunde
					Entladung beendet Tag / Stunde

(I) Freivermerk	**(K) Nachnahme DM**

(L) Ort und Tag der Ausstellung	**(M) Empfang der Sendung bescheinigt**	**(O) Gut und Frachtbrief übernommen.**
______, den ______	______, den ______	Tag / Stunde
Unterschrift des Absenders	Unterschrift des Empfängers	Anschrift und Unterschrift des Unternehmers

(P) Frachtberechnung (in Reihenfolge der Zeilen 16-20)

frachtpfl. Gewicht kg	Ladungskl. bzw. AT	Gew Klasse	Frachtsatz Pf/100 kg	errechnete Fracht DM	Marge +/- %	vereinbarte Fracht DM	Zuschläge gemäß	%	DM	Summe DM	Werbe- u. Abfertigungs-vergütung (WAV) %	DM

	Zwischensumme DM
	Nebengebühr, Zuschlag Ziffer
	Nebengebühr, Zuschlag Ziffer
	Zwischensumme DM
	./. WAV
	Nettoentgelt
	Umsatzsteuer
SVG AUTOHOF HESSEN GMBH, Königsberger Straße 1-3, 6000 Frankfurt/M. 93	Beförderungsentgelt

SVG

Klasse: _____ **Ziffer:** _____ **Buchstabe:** _____ **GGVS:** _____

Begleitschein Beleg zum Nachweis der Entsorgung von Abfällen/Verwertung von Reststoffen   Anlage 6

Diese Ausfertigung (weiß) ist mit der Unterschrift des Beförderers im Nachweisbuch des Erzeugers abzuheften.

Nr.: 7 4 0 0 0165101   1

① Abfall-/Reststoffart

ÖLFILTER

② Abfall-/Rest-stoffschlüssel

③ Menge
Tonnen (t) 3 , 5   Kubikmeter (m³)

④ Entsorgungs-/Verwertungsnachweisnummer

⑤ Amtliches Kennzeichen des Fahrzeuges
Zugmaschine   Anhänger, Auflieger

⑥ Erzeugernummer

⑦ Beförderernummer

⑧ Entsorger-/Verwerternummer

Datum der Übergabe
Tag | Monat | Jahr

Datum der Übernahme
Tag | Monat | Jahr

Datum der Annahme
Tag | Monat | Jahr

⑨ Erzeuger (Absender)
(Name, Anschrift oder Stempel)

Werkstatt GmbH
Golfstraße 20
68309 Mannheim

⑩ Beförderer
(Name, Anschrift oder Stempel)

⑪ Entsorger/Verwerter
(Name, Anschrift oder Stempel)

Entsorgungs GmbH
An der Müllhalde 10
67120 Ludwigshaven

⑫ Versicherung der richtigen Deklarierung

Unterschrift

⑬ Versicherung der ordnungsgemäßen Beförderung

Unterschrift

⑭ Versicherung der Annahme zur ordnungsgemäßen Entsorgung/Verwertung

Unterschrift

Frei für Vermerke

⑮ Übernahmeschein-Nummern, Schiffsregister-Nummer

ADR: Kl. 4.1   Ziff. 4c
Besondere Hinweise:
3175 Abfall, enthält: Fester Stoff oder Gemisch aus festen
Stoffen, der entzündbare flüssige Stoffe mit einem Flammpunkt
von höchstens 61°C enthält, n.a.g. 3 metallene IBC 4800 Kg
Bruttomasse

Unfallmerkblatt (schriftliche Weisungen)

Bei Unfällen bzw. Zwischenfällen, die sich während des
Transportes ereignen können, ist es entscheidend, sofort
geeignete Maßnahmen zu ergreifen, um den Schaden auf
ein Minimum zu begrenzen. Hierfür wurden Unfallmerkblätter (schriftliche Weisungen) entwickelt. Sie dienen
dem Fahrer, Beifahrer und den Hilfsorganisationen als
wichtige Informationsquelle und enthalten folgende
Angaben:

Unfallmerkblätter werden vom Absender für jedes
gefährliche Gut oder jede Gruppe (Klasse) von gefährlichen Gütern in der Sprache, die der Fahrzeugführer
lesen und verstehen kann (amtliche Sprache eines ADR-
Staates) erstellt.

Im grenzüberschreitenden Verkehr wird empfohlen,
Unfallmerkblätter in den Sprachen der Durchgangs- und
Bestimmungsländer mitzuführen.

Der Beförderer hat darauf zu achten, daß die Unfallmerkblätter vor Beförderungsbeginn in den Besitz der
Fahrzeugführer gelangen. Fahrzeugführer müssen fähig
sein, sie zu verstehen und sie richtig anzuwenden und im
Fahrerhaus mitführen.

Bemerkung: Stand 28.11.1996
Bereits existierende Unfallmerkblätter dürfen bis voraussichtlich
31.12.1998 weiterverwendet werden.

Werden bei einer Beförderung nicht benötigte Unfallmerkblätter im Führerhaus mitgeführt, so sind diese
getrennt von den tatsächlich benötigten Dokumenten
aufzubewahren.

Unfallmerkblätter sind immer dann erforderlich, wenn:

die beförderte Menge in der Tabelle der 'begrenzten
– Mengen' überschritten wird;

gefährliche Güter für die § 7 gilt (Fahrwegbestimmung),
– befördert werden.

Sammelunfallmerkblatt

Außer den für ein stoffbezogenes oder gruppen-/klassen-
bezogenes Unfallmerkblatt kann im innerstaatlichen
Transport unter den Bedingungen der Ausnahme Nr. 35 (S)
GGAV ein sogenanntes 'Sammelunfallmerkblatt'
verwendet werden.
Es gilt für Versandstücke verschiedener gefährlicher Güter
der Klassen 2, 3, 4.1, 4.2, 4.3, 5.1, 6.1, 6.2, 8 und 9.

Voraussetzungen für die Anwendung:

Der Beförderer muß dem Fahrer das Sammelunfallmerk-
– blatt übergeben.

Vor Beförderungsbeginn hat der Fahrer vom Inhalt
– Kenntnis zu nehmen und es im Führerhaus mitzuführen.

Überschreitet die Bruttomasse des einzelnen gefährlichen
– Gutes 1000 kg oder gilt für die Beförderung § 7 der GGVS ,
muß zusätzlich zu den Sammelunfallmerkblättern ein
stoff- oder klassen- /gruppenbezogenes Unfallmerkblatt
mitgeführt werden.

Stoffbezogenes Unfallmerkblatt

Klasse 3, Ziffer 17b

METHANOL (Methylalkohol)
Flammpunkt unter 21° C

336

1230

Eigenschaften des Ladegutes:
- Meist farblose Flüssigkeit mit Geruch
- Vollständig mit Wasser mischbar

Gefahren:
- Leicht entzündbar
- Leicht flüchtig
- Dämpfe sind unsichtbar, schwerer als Luft und breiten sich am Boden aus
- Kann mit Luft explosionsfähige Gemische bilden, auch in leeren, ungereinigten Behältern
- Erhitzen führt zu Drucksteigerung- Berst- und Explosionsgefahr
- Schwere, evtl. tödliche Vergiftung durch Verschlucken, Vergiftungssymptome können auch erst nach vielen Stunden auftreten.
- Flüssigkeit reizt die Augen stark
- Dämpfe können Rauschzustände verursachen

Schutz-ausrüstung:
- Dichtschließende Schutzbrille
- Handschuhe aus geeignetem Kunststoff oder synthetischem Gummi
- Augenspülflasche mit reinem Wasser

NOTMASSNAHMEN
Sofort Feuerwehr und Polizei benachrichtigen

- Motor abstellen
- Zündquellen fernhalten (z. B. kein offenes Feuer), Rauchverbot
- Straße sichern und andere Straßenbenutzer warnen
- Unbefugte fernhalten
- Nur explosionsgeschützte Leuchten und Elektrogeräte benutzen
- Auf windzugewandter Seite bleiben

Leck
- Wenn möglich, Undichtigkeiten beseitigen
- Auslaufende Flüssigkeit mit Erde, Sand oder anderem geeigneten Material eindämmen

> Fachmann hinzuziehen

- Mit viel Wasser verdünnen
- Eindringen der Flüssigkeit in Kanalisation, Gruben und Keller verhindern
- Kanalisation abdecken, Keller und Gruben evakuieren lassen
- Falls Produkt in Gewässer oder Kanalisation gelangt oder auf Erdboden gekommen ist, Feuer-wehr oder Polizei darauf hinweisen
- Bevölkerung warnen - Explosionsgefahr

Feuer
- Bei Feuereinwirkung Behälter mit Wassersprühstrahl kühlen
- Löschen vorzugsweise mit Löschpulver, alkoholbeständigem Schaum, Wassersprühstrahl

Erste Hilfe
- Falls Produkt in Augen gelangt, unverzüglich mit viel Wasser mehrere Minuten spülen
- Mit Produkt verunreinigte Kleidungsstücke unverzüglich entfernen
- Personen, die das Produkt verschluckt haben, ca. 100ml 40%igen Trinkalkohol zuführen. Sie sind zum Arzt zu bringen und haben dieses Merkblatt vorzuzeigen. Aus Sicherheitsgründen muß die Person mindestens 48 Stunden unter ärztlicher Überwachung bleiben

Zusätzlicher Hinweis:
Vorstehende Angaben gelten auch für leere ungereinigte Tanks, für die im GGVS-Verkehr ein Beförderungspapier nicht erforderlich ist.

Telefonische Rückfragen:
Telefonnummer und Anschrift des Beförderers (bei Verwendung einfügen)

Unfallstatistik Gefahrguttransport Straße 1995

Im Jahr 1995 ereigneten sich auf unseren Straßen 425 Gefahrguttransportunfälle. Dabei handelte es sich um Unfälle mit Personen- und schweren Sachschäden. Gefahrgutklassen die an diesen Unfällen am häufigsten beteiligt waren:

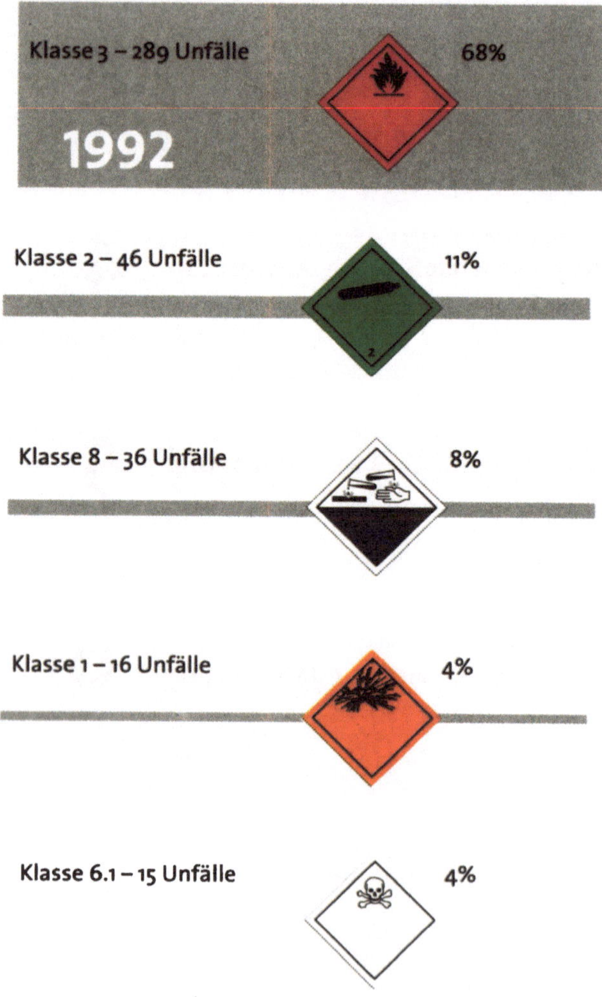

Gruppenunfallmerkblatt

Klasse 3, Ziffer 1a), 2a), b), 3b), 5c),

KOHLENWASSERSTOFF-Gemische
Flammpunkt unter 21° C

33
1993

Eigenschaften des Ladegutes:
- Flüssigkeit mit Geruch
- Nicht mischbar mit Wasser
- Leichter als Wasser

Gefahren:
- Leicht entzündbar
- Leicht flüchtig
- Dämpfe sind unsichtbar, schwerer als Luft und breiten sich am Boden aus
- Kann mit Luft explosionsfähige Gemische bilden, auch in leeren, ungereinigten Behältern
- Erhitzen führt zu Drucksteigerung - Berst- und Explosionsgefahr
- Durch Flüssigkeit oder Dämpfe ist Reizung von Augen Haut und Atemwegen möglich
- Dampfe führen in hoher Konzentration zu Bewußtlosigkeit
- Gehfr für Gewässer und Kläranlagen

Schutz ausrüstung:
- Dichtschließende Schutzbrille
- Handschuhe aus geeignetem Kunststoff oder synthetischem Gummi
- Augenspülflasche mit reinem Wasser
- Antistatisches Schuhwerk, möglichst Stiefel

NOTMASSNAHMEN Sofort Feuerwehr und Polizei benachrichtigen

- Motor abstellen
- Zündquellen fernhalten (z.B. kein offenes Feuer), Rauchverbot
- Straße sichern und andere Straßenbenutzer warnen
- Unbefugte fernhalten
- Nur explosionsgeschützte Leuchten und Elektrogeräte benutzen
- Auf windzugewandter Seite bleiben

Leck

- Wenn möglich, Undichtigkeiten beseitigen
- Auslaufende Flüssigkeit mit Erde, Sand oder anderem geeigneten Material eindämmen

Fachmann hinzuziehen

- Eindringen der Flüssigkeit in Kanalisation, Gruben und Keller verhindern
- Kanalisation abdecken, Keller und Gruben evakuieren lassen
- Falls Produkt in Gewässer oder Kanalisation gelangt oder auf Erdboden oder Pflanzen gekommen ist, Feuerwehr oder Polizei darauf hinweisen
- Bevölkerung warnen - Explosionsgefahr

Feuer

- Bei Feuereinwirkung Behälter mit Wassersprühstrahl kühlen
- Löschen vorzugsweise mit Löschpulver, Schaum, Halonen
- Niemals scharfen Wasserstrahl verwenden

Erste Hilfe

- Falls Produkt in Augen gelangt, unverzüglich mit viel Wasser mehrere Minuten spülen
- Mit Produkt verunreinigte Kleidungsstücke unverzüglich enffernen und die betroffene Haut mit Seife und Wasser waschen
- Ärztliche Hilfe erforderlich bei Symptomen, die offensichtlich auf Einatmen oder Einwirkung auf Haut und Augen zurückzuführen sind

Zusätzlicher Hinweis:

Vorstehende Angaben gelten auch für leere ungereinigte Tanks

Telefonische Rückfragen:

Telefonnummer und Anschrift des Beförderers (bei Verwendung einfügen)

Sammelunfallmerkblatt

Sammelladung gefährlicher Güter in Versandstücken für die Klassen 2, 3, 4.1, 4.2, 4.3, 5.1, 6.1, 6.2, 8 und 9

Eigenschaften des Ladegutes:
Die Substanzen können Flüssigkeiten, feste Stoffe oder Gase sein.
Ihre Eigenschaften sind aus Spalte 3, ihre Kennzeichnung (Gefahrzettel) aus Spalte 1 der Rückseite zu ersehen.

Gefahren:
Stoffe können explosionsgefährlich entzündbar, selbstentzündlich, giftig oder ätzend sein oder die Verbrennung fördern oder sich zersetzen. Sie können explosionsfähige Gemische mit Luft bilden, sie können miteinander oder mit Wasser reagieren.
Erhitzen kann zum Behälterzerknall, zur Explosion, Zersetzung und/oder Bildung von giftigen Gasen/Dämpfen führen
Mögliche Gefahr für Gewässer und Kläranlagen. (Vgl. Gefahrenangaben zu den einzelnen Gefahrklassen bzw. Gefahrzetteln auf der Rückseite in Spalte 3).

Schutz ausrüstung:
Für Hilfskräfte: Erstmaßnahme: Vollschutz nach VFDB-Richtlinie 0801.
Nach Klärung des Ladungsinhalts klassenspezifische Schutzausrüstung und Maßnahmen (siehe Rückseite Spalte 4 und 5).
Für Fahrzeugführer: Geeigneter Atemschutz in Kombination mit dichtschließender Schutzbrille
dichtschließende Schutzbrille
Schutzkleidung
Handschuhe aus Kunststoff oder Gummi
Schaufel

NOTMASSNAHMEN Sofort Feuerwehr und Polizei benachrichtigen

- Motor abstellen.
- Schutzausrüstung anlegen.
- Zündquellen fernhalten (z. B. kein offenes Feuer) - Rauchverbot.
- Straße sichern und andere Straßenbenutzer warnen.
- Unbefugte fernhalten.
- Auf windzugewandter Seite bleiben.
- Nur explosionsgeschützte Leuchten und Elektrogeräte benutzen.
- Transportdokumente aus dem Führerhaus bergen und Feuerwehr oder Polizei bei Eintreffen übergeben.

Leck
- Ausgelaufene Flüssigkeit mit Erde, Sand oder anderem geeigneten Material eindämmen.
- Verschütteten Feststoff mit trockenem Sand oder anderem geeigneten Material zudecken.
- Verschüttetes Ladegut nur in geeignete Gefäße füllen.
- Falls Produkt in Gewässer oder Kanalisation gelangt ist oder Erdboden oder Pflanzen verunreinigt hat, Feuerwehr oder Polizei darauf hinweisen.

Fachmann hinzuziehen

Feuer
- Entstehungsbrände mit Feuerlöscher bekämpfen: für die weitere Brandbekämpfung siehe Rückseite

Erste Hilfe
- Unter Beachtung des Selbstschutzes Verletzte retten.
- Mit Produkt verunreinigte Haut sofort mit viel Wasser gründlich spülen.
- Falls Produkt in Augen gelangt, unverzüglich mit viel Wasser mindestens 5 Minuten spülen.
- Verunreinigte Kleidungsstücke sofort ausziehen.
- Ärztliche Hilfe grundsätzlich anfordern, insbesondere aber erforderlich bei Symptomen. die offensichtlich auf Einatmen, Verschlucken, Einwirkung auf Haut und Augen oder Einatmen u.a. von Verbrennungsgasen zurückzuführen sind.

Zusätzlicher Hinweis:

Telefonische Rückfragen:
Telefonnummer und Anschrift des Beförderers (bei Verwendung einfügen)

Sammelunfallmerkblatt (Rückseite)

Gefahrzettel	Klasse	Güterarten und ihre gefährlichen Eigenschaften	Bei Unfällen oder Zwischenfällen direkt zu ergreifende Maßnahmen	Schutzausrüstung für Hilfskräfte. Hinweise für andere
	2	3	4	5
	2	**Verdichtete, verflüssigte oder unter Druck gelöste Gase.** Explosions-, Zerknall- Brand-und/ oder Vergiftungsgefahr. Reagieren auf Hitze, z.T. auch auf Stoß und Schlag. Wassergefährdend, wenn wasserlöslich.	Personen möglichst gegen den Wind aus dem Gefahrenbereich bringen. Bei Brand Gasflaschen und Behälter kühlen und möglichst aus dem Gefahrenbereich bringen. Bei Brand Behälter kühlen. Gas ausbrennen lassen, wenn Gasaustritt nicht zu stoppen ist. Leckstellen nicht direkt anspritzen. Auf sichere Deckung achten. Zündquellen fernhalten. Absperren im Bereich wahrnehmbarer Wolke. Betroffene warnen.	**Schutzausrüstung für den Fall der Produktberührung** Chemikalienschutzanzug nach VFDB Richtlinie 0801.
	3	**Entzündbare flüssige Stoffe** Brandgefahr, Explosionsgefahr bei Dampfwolkenbildung. Entzündbar durch Hitzeeinwirkung, Flug- und Schlagfunken. Gefahr für Wasser, Kanalisation und Kläranlagen.	Bei Brand mit Pulver, Schaum oder Sprühstrahl löschen. Vom Brand nicht erfaßte Behälter kühlen. Zündquellen fernhalten. Schaumlöschmittel sind wassergefährdend. Auslaufende Stoffe nicht in Gewässer oder Kanalisation fließen lassen.	**Ansonsten** Feuerwehrdienstanzug nach Dienstvorschrift, geeigneter Atemschutz (wenn erforderlich). Augenspülflasche mit reinem Wasser, Erste-Hilfe-Ausrüstung mit ärztlicher Weisung für Spezialbehandlung.
	4.1	**Entzündbare feste Stoffe** Brandgefahr Entzündbar durch Hitzeeinwirkung	Bei Brand mit Wassersprühstrahl, Schaum oder Pulver löschen. Rauchgase niederschlagen. Zündquellen fernhalten. Gewässer schützen.	
	4.2	**Selbstentzündliche Stoffe** Selbstentzündungsgefahr bei beschädigten Versandstükken und verschüttetem Inhalt. Reagieren teilweise heftig in Verbindung mit Wasser.	Wenn möglich, Behälter aus dem Gefahrenbereich bringen. Vorsicht: Metallalkyle und Metall-Stäube (und -Pulver) reagieren explosionsartig mit Wasser, daher wasserfreie Sonderlöschmittel einsetzen, z.B. Pulver, Zement. Bei anderen Produkten dieser Klasse Brand mit Pulver oder viel Wasser löschen. Gewässer schützen.	
	4.3	**Stoffe, die in Berührung mit Wasser entzündbare Gase entwickeln** Explosions- und Entzündungsgefahr bei beschädigten Versandstücken oder verschüttetem Inhalt. Reagieren z.T. sehr heftig mit Wasser.	Wenn möglich, Behälter aus dem Gefahrenbereich bringen Bei Brand nur mit Pulver oder trockenen bzw. gasförmigen Mitteln löschen. Wassergabe verursacht Brandausweitung und kann Explosionsgefahren auslösen.	**Hinweise geben an** Polizei bzw. Feuerwehr, Sanitätsdienste, Umweltschutzbehörde, Wasserbehörden
	5.1	**Entzündend (oxydierend) wirkende Stoffe** Explosions-, Entzündungs- und Gesundheitsgefahr bei beschädigten Versandstücken und verschüttetem Inhalt. Reagieren sehr heftig in Verbindung mit anderen brennbaren Stoffen.	Wenn möglich, Behälter aus dem Gefahrenbereich bringen. Vermischen mit brennbarenStoffen vermeiden. Bei Brand sehr viel Wasser einsetzen. Deckung halten. Gewässerschutz beachten.	**Informieren über** Ladungsinhalt, Produkte, die ausgelaufen sind oder mit denen Personen in Kontakt gekommen sind.
	6.1	**Giftige Stoffe** Vergiftungs- und zum Teil Brandgefahr. Einatmen, Verschlucken, Hautkontakt vermeiden. Gefahr für Gewässer u. Kläranlagen.	Bei Meldung auf Wassergefährdung hinweisen. Nicht in Gewässer oder Kanalisation fließen lassen. Bei Brand mit Pulver, Schaum oder Sprühstrahl löschen. Vom Brand nicht erfaßte Behälter kühlen. Absperren im Bereich wahrnehmbarer Wolke. Betroffene warnen. Produktberührte Ausrüstung sammeln und nach Rücksprache mit Fachleuten behandeln.	
	6.2	**Ansteckungsgefährliche Stoffe – Infektionsgefahr** Lebensfähige Mikro-Organismen – einschließlich Bakterien, Viren, Parasiten, Pilze oder genetisch veränderte Mikro-Organismen, die bei Menschen oder Tieren Krankheiten erregen, z.B. bestimmte diagnostische Proben (Blut, Gewebe), Kulturen von Krankheitserregern, kontaminierte Gegenstände (klinischer Abfall).	Hygiene- und ggf. Desinfektionsmaßnahmen treffen, Hautkontakt mit Material verhindern! Gesundheits- oder Veterinärbehörde verständigen! Gewässerschutz beachten!	
	8	**Ätzende Stoffe** Verätzungs-, Brand- und Explosionsgefahr bei beschädigten oder kontaminierten Versandstücken und verschüttetem Inhalt. Reagieren z.T. sehr heftig untereinander, mit Wasser und mit anderen gefährlichen Stoffen. Gefahr für Gewässer, Kanalisation u. Kläranlagen.	Bei Meldung auf Wassergefährdung hinweisen. Bei Brand mit Pulver oder Wasser bekämpfen. Auslaufende Stoffe nicht in Gewässer oder Kanalisation fließen lassen. Absperren im Bereich wahrnehmbarer Wolke. Betroffene warnen. Jede Produktbenetzung mit Wasser abspülen, ggf. Mannschutz mit Wassersprühstrahl. Leckstellen nicht direkt anspritzen.	
	9	Verschiedene Gefahren, wie z.B. Gefahr bei Brand, Einatmen von gesundheitsgefährlichen Stoffen, Bildung von sehr giftigen Stoffen im Brandfall oder Wassergefährdung.	Bei Meldung auf Wassergefährdung hinweisen. Auslaufende Stoffe nicht in Gewässer oder Kanalisation fließen lassen. Brände in der Nähe verflüssigter Metalle nicht mit Wasser löschen. Bei Brand von PCB Gefahr sehr giftiger Dioxinentwicklung. Bei Asbest vor dem Einatmen von Stäuben schützen.	**Bei Asbest** geeigneter Atemschutz gegen mineralische Stäube.

ADR-Bescheinigung (Schulungsnachweis)

Der Mensch ist das schwächste Glied in der Transport-
kette. An ihn werden hohe Anforderungen gestellt. Der
Gesetzgeber verlangt deshalb, daß der Fahrer durch eine
besondere Schulung auf seine verantwortungsvolle Auf-
gabe vorbereitet wird.

Nach erfolgreicher Teilnahme an einer Schulung wird
dem Fahrer eine ADR-Bescheinigung von der zuständigen
Industrie und Handelskammer (IHK) ausgestellt. Diese
berechtigt den Fahrer, Gefahrguttransporte unter den
aufgeführten Arten und Klassen, sowohl innerstaatlich
als auch grenzüberschreitend, durchzuführen. Die ADR-
Bescheinigung hat eine Gültigkeit von 3 Jahren innerstaatlich und 5 Jahren grenzüberschreitend. Sie kann
durch die erfolgreiche Teilnahme an einem Fortbildungs-
lehrgang verlängert werden.

Für folgende Transporte benötigt der Fahrer eine ADR-
Bescheinigung:

Stück- und Schüttgut

- seit dem 1. Januar 1995 für Beförderungseinheiten mit
  einer zulässigen Gesamtmasse von mehr als 3,5 t
  (national/international) und wenn die transportierten
  Mengen nach der Tabelle der 'begrenzten Menge' überschritten werden.

- für die Beförderung der Klasse 1 unabhängig von der zulässigen Gesamtmasse des Fahrzeuges.

- für die Beförderung verpackter Stoffe der Klasse 7, Blätter
  5 bis 8, oder 10 bis 13, Blatt 9 beschränkt unabhängig von
  der zulässigen Gesamtmasse des Fahrzeuges.

- Tankfahrzeuge
- Fahrzeuge mit Aufsetztanks
- Batterie-Fahrzeuge von mehr als 1000 Litern
- Fahrzeuge mit Tankcontainern von mehr als 3000 Litern
  Einzelfassungsraum

Besondere Regelung:
— für die Beförderung von Feuerwerkskörper der Klasse 1,
  1.4 S, Ziffer 47 wird keine ADR-Bescheinigung benötigt.

aussen

ADR-Bescheinigung
über die Schulung der Führer von
Kraftfahrzeugen
zur Beförderung gefährlicher Güter

in Tanks[1]   anders als in Tanks[1]

Nr. der Bescheinigung

(D)

Gültig für Klasse(n)[1][2]

in Tanks   anders als in Tanks

1   1
2   2
3   3
4.1 , 4.2 , 4.3   4.1 , 4.2 , 4.3
5.1 , 5.2   5.1 , 5.2
6.1 , 6.2   6.1 , 6.2
7   7
8   8
9   9
bis zum[3]

[1] Nichtzutreffendes streichen.
[2] Erweiterung der Gültigkeit auf andere Klassen siehe Seite 3.
[3] Verlängerung der Gültigkeit siehe Seite 2.

Name
Vorname(n)
geboren am
Staatsangehörigkeit

Unterschrift des Fahrers

Ausgestellt durch
Datum

Unterschrift[4]

Verlängert bis
durch
Datum

Unterschrift[4]

[4] und/oder Stempel der die Bescheinigung ausstellenden
    Behörde.

innen

Gültigkeit erweitert auf Klasse(n)[1]

1   In Tanks
2   Datum
3
4.1 , 4.2 , 4.3
5.1 , 5.2   Unterschrift
6.1 , 6.2   und/oder Stempel
7
8
9

1   Anders als in Tanks
2   Datum
3
4.1 , 4.2 , 4.3
5.1 , 5.2   Unterschrift
6.1 , 6.2   und/oder Stempel
7
8
9

[1] Nichtzutreffendes streichen.

Nur für nationale Vorschriften

Gilt in Deutschland auch für innerstaatliche
Beförderungen.

Bescheinigung der besonderen Zulassung
(B.3-Bescheinigung)

– Bei Transporten von Stoffen der Klasse 1 werden abhängig
  von der transportierten Menge und Gefährlichkeit der
  Stoffe besondere Anforderungen an deren Fahrzeuge und
  Ausrüstung gestellt.

– Es gibt 3 Fahrzeugtypen: Typ I, Typ II und Typ III.

– Werden Stoffe in einem Typ II oder Typ III Fahrzeug
  transportiert, benötigt man für dieses Fahrzeug eine B.3-
  Bescheinigung.

– Die B.3-Bescheinigung bescheinigt, daß das Fahrzeug den
  besonderen Anforderungen, wie z.B. besondere
  elektrische Ausrüstung (z.B. Trennschalter) entspricht.

– Die Gültigkeitsdauer dieser Bescheinigung beträgt 1 Jahr
  und wird bei der nächsten Hauptuntersuchung des Fahrzeuges jeweils um 1 Jahr verlängert.

Fahrwegbestimmung § 7

Das Risiko eines Verkehrsunfalls ist auf der Straße bedeutend größer als im Schienen- oder Schiffsverkehr. Deshalb ist es sinnvoll, gefährliche Güter ab bestimmten Mengen für die § 7 gilt mit dem Schienen- oder Schiffsverkehr zu befördern. Ist dies nicht möglich (Gleis- oder Hafenanschluß nicht vorhanden), so sind solche Güter auf Autobahnen zu befördern.

Ab bestimmten Mengen wird der Fahrweg außerhalb Autobahnen auf Antrag in schriftlicher Form von der Straßenverkehrsbehörde bestimmt. Dieser Bescheid nennt sich deshalb Fahrwegbestimmung.

Der Beförderer hat dafür zu sorgen, daß der Bescheid über die Fahrwegbestimmung dem Fahrzeugführer vor Beförderungsbeginn übergeben wird. Der Fahrzeugführer muß die Fahrwegbestimmung mit allen Nebenbestimmungen beachten, sowie den Bescheid über die Fahrwegbestimmung mitführen und zuständigen Personen auf Verlangen zur Prüfung vorlegen.

Bei der Beförderung von diesen gefährlichen Gütern können unter bestimmten Bedingungen zusätzliche Bescheinigungen erforderlich sein, die ebenfalls der Beförderer dem Fahrzeugführer vor Beförderungsbeginn übergeben muß.

– Bescheinigung der Deutschen Bahn AG oder einer Wasser- und Schiffahrtsdirektion, daß ein Gleisanschluß-, Container- oder Huckepackverkehr bzw. Containerverkehr auf dem Wasserweg nicht möglich ist.

- ▶ **Gefahreigenschaften und Notfallmaßnahmen sind im Unfallmerkblatt beschrieben.**

- ▶ **Die Gültigkeitsdauer für die nationale ADR-Bescheinigung beträgt drei Jahre.**

- ▶ **Mit der ADR-Bescheinigung dürfen auch grenzüberschreitende Transporte durchgeführt werden.**

- ▶ **Beim Verlust der ADR-Bescheinigung kann mit Antrag bei der zuständigen IHK ein Ersatz ausgestellt werden.**

- ▶ **Die B-3 Bescheinigung hat eine maximale Gültigkeit von einem Jahr.**

- ▶ **Transporte von gefährlichen Gütern nach §7 GGVS benötigen eine Fahrwegbestimmung ab Überschreitung einer bestimmten Mindestmenge.**

- ▶ **Die Fahrwegbestimmung beschreibt eine bestimmte Fahrstrecke unter Beachtung von Nebenbestimmungen, z.B. festgelegte Fahrzeiten oder Beifahrer erforderlich.**

Arbeitsblatt

1. Darf ein Abfallbegleitschein als Beförderungspapier verwendet werden?

   ▪ *In keinem Fall*
   ▪ *Ja, wenn er die vorgeschriebenen Angaben nach
   ADR enthällt*

2. Nennen Sie 3 Begleitpapiere nach ADR

3. Was versteht man unter einer ADR-Bescheinigung?

   ▪ *Die Bescheinigung der besonderen Zulassung*
   ▪ *Den Nachweis über die erfolgreiche Teilnahme
   an einer Gefahrgutfahrerschulung*
   ▪ *Der Gefahrgutübernahmeschein*

Arbeitsblatt

1. Darf ein Abfallbegleitschein als Beförderungspapier verwendet werden?

   ☐ *In keinem Fall*
   ☒ *Ja, wenn er die vorgeschriebenen Angaben nach
   ADR enthällt*

2. Nennen Sie 3 Begleitpapiere nach ADR

3. Was versteht man unter einer ADR-Bescheinigung?

   ☐ *Die Bescheinigung der besonderen Zulassung*
   ☒ *Den Nachweis über die erfolgreiche Teilnahme
   an einer Gefahrgutfahrerschulung*
   ☐ *Der Gefahrgutübernahmeschein*

Beförderungsarten

Die GGVS unterscheidet u.a. zwischen Stückgut- und Schüttgutbeförderungen. Die Beförderung in loser Schüttung muß nach GGVS zugelassen sein.

Stückguttransport

(Versandstücke)

Schüttguttransport

(fester Stoff ohne Verpackung)

Fahrzeugarten

offenes Fahrzeug

(Ladeflächen offen oder nur mit Seitenwänden und einer Rückwand versehen)

gedecktes Fahrzeug

(kastenformiger Aufbau, der geschlossen werden kann)

bedecktes Fahrzeug

(offenes Fahrzeug, das zum Schutz der Ladung mit einer Plane versehen ist)

Fahrzeug mit Kippermulde

(Container für Güter in loser Schüttung)

Fahrzeug mit Wechselbrücke

Achtung! Nässeempfindliche Versandstücke dürfen nicht in offenen Fahrzeugen befördert werden.

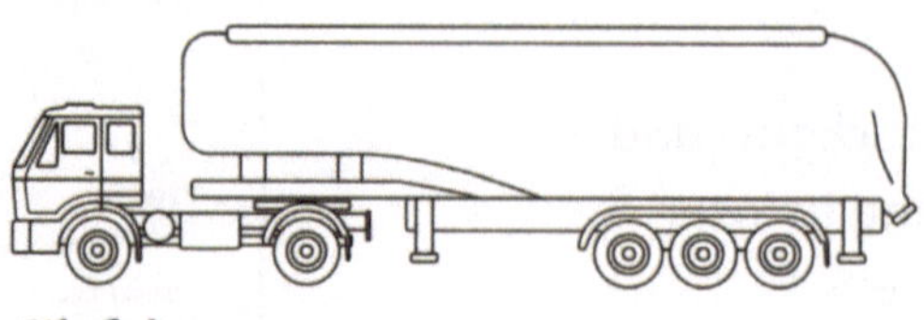

Silofahrzeug

Fahrzeug mit Container

Besonderheiten

Eine mit gefährlichen Gütern beladene Beförderungseinheit darf in keinem Falle mehr als einen Anhänger oder
Sattelanhänger umfassen.

Zugmaschinen und LKW mit einem zul. Gesamtgewicht
von mehr als 12 Tonnen müssen mit einem Geschwindig-
keitsbegrenzer ausgerüstet sein.

Für die Beförderung von Stoffen der Klasse 1 gibt es drei
Typen von Beförderungseinheiten:

Typ I:
gedeckt oder bedeckt, Plane wasserdicht und schwer
entzündbar

Typ II:
wie Typ I, Ladefläche und Vorderwand fugenlos,
brandfeste Materialien

Typ III:
wie Typ II, Aufbau geschlossen und vollwandig, besondere
elektrische Ausrüstung, B.3-Bescheinigung erforderlich.

Umschließungen

In der Regel finden für den Gefahrguttransport geprüfte Verpackungen Verwendung. Man erkennt die Bauartprüfung einer Verpackung an dem sogenannten UN-Verpackungscode.

Eine generelle Voraussetzung für die Verwendung von Verpackungen für den Gefahrguttransport ist, daß diese Verpackungen für den zu befüllenden Stoff **geeignet** und **verträglich** sind.

geeignet => *Auswahl der Verpackung*

stoffverträglich => *Salzsäure nicht direkt in einen Metallbehälter füllen*

Nach ihrer Verwendung unterteilt man Verpackungen in verschiedene Kategorien:

- Einzelverpackungen
- zusammengesetzte Verpackungen (trennbare Einheit aus Außen- und Innenverpackung)
- Kombinationsverpackungen (untrennbare Einheit aus Außen- und Innenverpackung)
- Großpackmittel (IBC)
- Umverpackung (Umschließung von Versandstücken zur leichteren Handhabung und Verladung wie Paletten mit Versandstücken, die durch Kunststoffbänder oder Schrumpffolien gesichert sind)
- Bergungsverpackung (für beschädigte oder defekte Versandstücke)

Einzelverpackungen

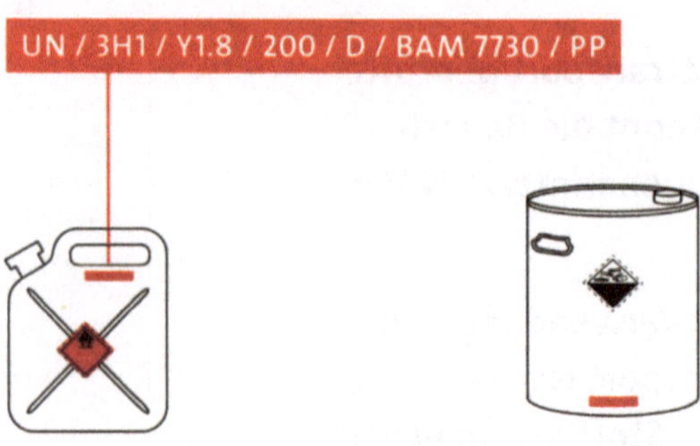

Kanister

Feinstblech

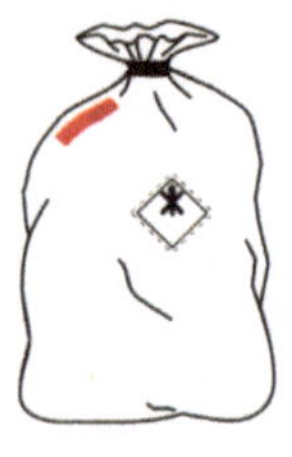

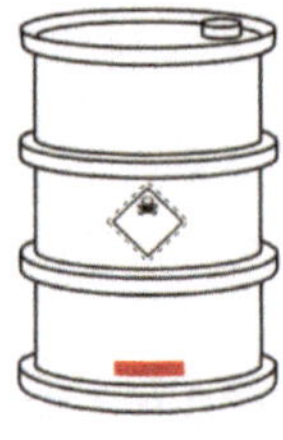

Sack

Faß

Kiste

Druckgaspackung

Gaspatrone

Zusammengesetzte Verpackungen

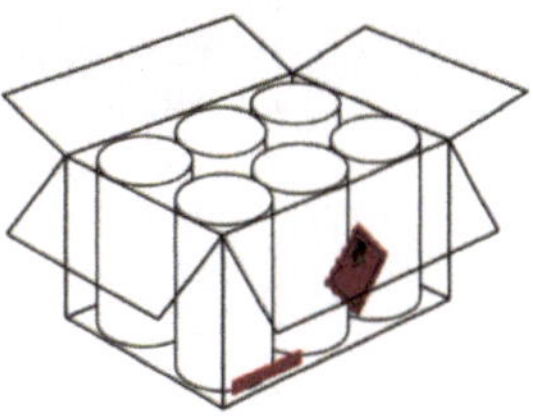

Karton mit Dosen

Kombinationsverpackungen

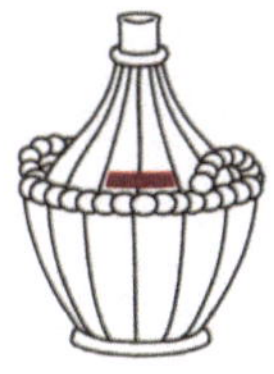

Korbflasche

Großpackmittel

UN / 11A / Y / 0294 / D / OERTEL 007 / 5500 / 1500

flexibler IBC (Sack)

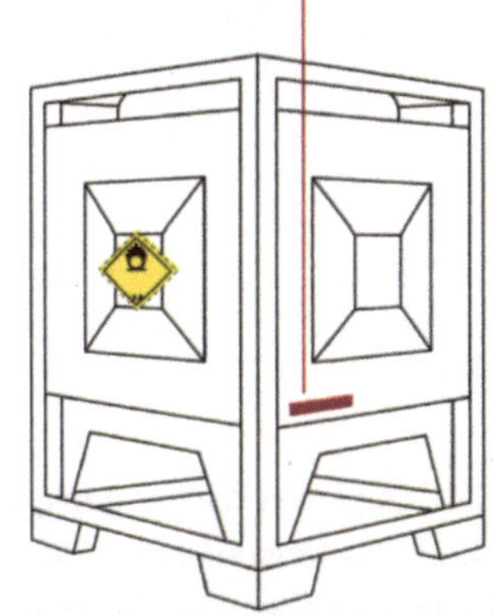

starrer IBC (Metall)

Tabelle der begrenzten Mengen

Die Tabelle der **begrenzten Mengen** bezieht sich auf den
Transport von Gefahrgut in Versandstücken.

Werden die Mengen in dieser Tabelle **nicht überschritten**, gibt es Erleichterungen für den Gefahrguttransport.
In diesem Falle sind die Vorschriften über:

- die besondere Anforderung an die Fahrzeuge und ihre
  Ausrüstung (z.B. Fahrzeugarten)*,
- die Personenbeförderung,
- die Fahrzeugbesatzung (Beifahrer),
- die besondere Schulung der Fahrzeugführer,
- die Unfallmerkblätter (schriftliche Weisungen),
- die besonderen Bedingungen hinsichtlich des Verkehrs
  der Fahrzeuge (z.B. Kennzeichnung),
- die Be- und Entladestellen (öffentlich zugänglich)

  nicht anzuwenden.

Bemerkung
Die Vorschriften der Rn. 10240(1)a) (2 kg Feuerlöscher geeignet für
Motor und Fahrerhaus) und der Rn. 21212 (ausreichende Belüftung für
Versandstücke mit Gasen der Ziffern 1,2,3 oder Acetylen in gedeckten
Fahrzeugen) sind anzuwenden.

Stoffe			**Höchstzulässige Gesamtmenge je Beförderungseinheit/Bruttomasse**					
Multiplikations-/Divisionsfaktor, mit dem die befreiten Gesamtmengen einer Ladung mit mehreren, verschiedenen Massenbegrenzungen unterworfenen Gütern berechnet werden können ▶	A	B	C	D	E	F	G	∞
	5 kg	20 kg	50 kg	100 kg	333 kg	500 kg	1000 kg	unbegrenzt
	200	50	20	10	3	2	1	
1,2 [nur unter A, O oder F eingestufte Gase], 3, 4.1, 4.2, 4.3, 5.1, 5.2, 6.1, 6.2 [nur Stoffe der Ziffer 2 oder unter b) eingestufte], 8 und 9 Leere Verpackungen (einschließlich Gefäße, ausschließlich Tanks)								x
1 Ziffern 1, 3, 5 bis 7, 9, 10, 12, 13, 15, 17 bis 19, 21 bis 23, 25, 27, 30 bis 32, 34, 48 (UN-Nr. 0331 und 0332)			x					
Ziffern 2, 4, 8, 11, 24	x							
Ziffern 26, 29, 33		x						
Ziffern 35 bis 43						x		
Ziffer 46, 47								x
Ziffer 48 (UN-Nr. 0482)	x							
2 Gase und Gegenstände der Ziffern 1, 2, 4, 5, 6 und 7 unter A und O							x	
Gase der Ziffer 3 unter A und O					x			
Gase der Ziffer 1 F							x	
Gase und Gegenstände der Ziffern 2, 3, 4, 5, 6, 7 unter F					x			
Chlorcyan der Ziffer 2 TC	x							
Phosgen der Ziffer 2 TC Fluor der Ziffer 1 TOC			x					
Andere Gase und Gegenstände der Ziffern 1, 2, 4, 5, 6 und 7 unter T, TC, TO, TF, TOC, TFC					x			
Leere Verpackungen der Ziffer 8 unter T, TC, TO, TF, TOC, TFC, oder andere leere Gefäße, die unter T, TC, TO, TF, TOC, TFC eingestufte Gase enthalten haben					x			
3 Ziffern 6, 12, 13 und Stoffe unter a) der Ziffern 11, 14 bis 28 und 41	x							
Stoffe unter b) der Ziffern 11, 14 bis 28 und 41				x				

	Stoffe	Höchstzulässige Gesamtmenge je Beförderungseinheit/Bruttomasse							
Multiplikations-/Divisionsfaktor, mit dem die befreiten Gesamtmengen einer Ladung mit mehreren, verschiedenen Massenbegrenzungen unterworfenen Gütern berechnet werden können ▶		A	B	C	D	E	F	G	∞
		5 kg	20 kg	50 kg	100 kg	333 kg	500 kg	1000 kg	unbegrenzt
		200	50	20	10	3	2	1	
3 Ziffern 1a), 2a) und b), 3b), 4a) und b), 5a) und 7b)						x			
Ziffern 31c) und 34c)								x	
Sonstige Stoffe							x		
4.1 Ziffern 1b) und 2c)									x
Ziffern 6c) und 11c)						x			
Ziffern 21 bis 26		x†							
Ziffern 35, 36, 45, 46			x†						
Ziffern 37 bis 40, 47 bis 50				x†					
Sonstige Stoffe				x					
4.2 Ziffer 1c)									x
unter 'b)' aufgeführte Stoffe						x			
unter 'c)' aufgeführte Stoffe								x	
4.3 Ziffern 11 a), 13 a), 14 a), 16 a) bis 18 a)		x							
Ziffern 11 b) bis 17 b)						x			
Ziffern 11 c) bis 15 c)								x	
5.1 unter 'a)' aufgeführte Stoffe				x					
unter 'b)' aufgeführte Stoffe					x				
unter 'c)' aufgeführte Stoffe							x		
Ziffer 5			x						
5.2 Ziffern 5, 6, 15, 16			x†						
Ziffern 7 bis 10, 17 bis 20				x†					
6.1 Unter 'c)' aufgeführte Stoffe					x				
Unter 'b)' aufgeführte Stoffe				x					
Sonstige Stoffe außer Ziffern 1 und 2		x							
6.2 Ziffer 2			x						
Unter 'b)' aufgeführte Stoffe					x				
7 Stoffe der Rn. 2704, Blätter 1 bis 4									x

† gegebenenfalls ohne Masse des Kühlsystems

Stoffe	Höchstzulässige Gesamtmenge je Beförderungseinheit/Bruttomasse							
Multiplikations-/Divisionsfaktor, mit dem die befreitenGesamtmengen einer Ladung mit mehreren, verschiedenen Massenbegrenzungen unterworfenen Gütern berechnet werden können ▶	A	B	C	D	E	F	G	∞
	5 kg	20 kg	50 kg	100 kg	333 kg	500 kg	1000 kg	unbegrenzt
	200	50	20	10	3	2	1	
Ziffern 6, 14 und unter a) aufgeführte Stoffe und Gegenstände		x						
Unter 'b)' aufgeführte Stoffe				x				
Unter 'c)' aufgeführte Stoffe						x		
Gegenstände der Ziffer 8c)								x
Ziffern 11 c), 12 c), 31 c), 32 c), 33 c) und 35 b)							x	
Ziffern 13 b) und 34 c)				x				
Ziffern 20 c) und 21 c)						x		

Sind Güter der **gleichen Freigrenze** (z.B. 100 kg) unterstellt, muß ihre entsprechende Masse addiert werden, wobei die Freigrenze (100 kg) nicht überschritten werden darf.

Sind Güter **verschiedenen Freigrenzen** unterstellt, dann sind die für jedes Gut höchstzulässigen Gesamtmengen wie folgt zu berechnen:

a. Jede tatsächliche Gesamtmenge eines unter die gleiche Spalte der Tabelle fallenden Gutes muß mit dem für diese Spalte geltenden Faktor multipliziert werden;

b. die so erhaltenen Produkte sind zu addieren, wobei ihre Summe die **Zahl 1000** nicht überschreiten darf.

Beispiele:

			Faktor		
1.	*Alkohol, Kl.3, Ziffer 3b)*	*200 kg x*	*3*	*=*	*600*
	Lackfarben, Kl. 3, Ziffer 31c)	*500 kg x*	*1*	*=*	*500*
			Summe:		*1100*

Gesamtsumme größer als 1000 => keine Erleichterungen.

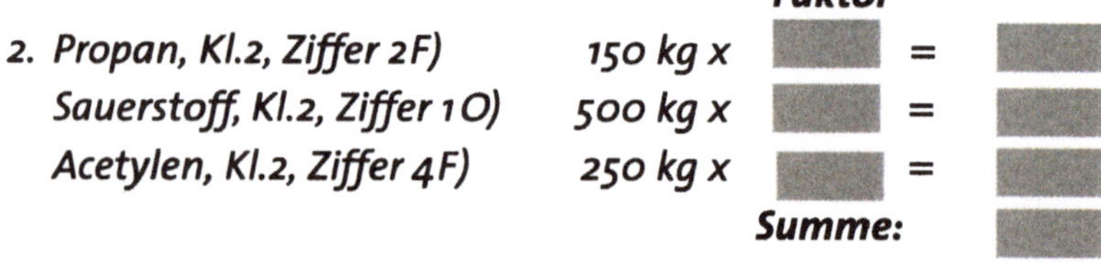

			Faktor		
2.	*Propan, Kl.2, Ziffer 2F)*	*150 kg x*		*=*	
	Sauerstoff, Kl.2, Ziffer 1O)	*500 kg x*		*=*	
	Acetylen, Kl.2, Ziffer 4F)	*250 kg x*		*=*	
			Summe:		

Gesamtsumme [ ] als 1000 => [ ] Erleichterung.

Von den Vorschriften freigestellt sind:
- Beförderungen von Privatpersonen von Gütern zum persönlichen oder häuslichen Gebrauch, Freizeit und Sport
- Abschleppfahrzeuge von Einsatzkräften oder Fahrzeuge unter deren Überwachung
- Notfallbeförderungen zur Rettung von Mensch oder zum Schutz der Umwelt.

Sind Güter der **gleichen Freigrenze** (z.B. 100 kg) unterstellt, muß ihre entsprechende Masse addiert werden,
wobei die Freigrenze (100 kg) nicht überschritten werden
darf.

Sind Güter **verschiedenen Freigrenzen** unterstellt, dann
sind die für jedes Gut höchstzulässigen Gesamtmengen
wie folgt zu berechnen:

a. Jede tatsächliche Gesamtmenge eines unter die gleiche
Spalte der Tabelle fallenden Gutes muß mit dem für
diese Spalte geltenden Faktor multipliziert werden;

b. die so erhaltenen Produkte sind zu addieren, wobei ihre
Summe die **Zahl 1000** nicht überschreiten darf.

Beispiele:

		Faktor	
1. Alkohol, Kl.3, Ziffer 3b)	200 kg x	3 =	600
Lackfarben, Kl. 3, Ziffer 31c)	500 kg x	1 =	500
		Summe:	1100

Gesamtsumme größer als 1000 ⇒ keine Erleichterungen.

		Faktor	
2. Propan, Kl.2, Ziffer 2F)	150 kg x	3 =	450
Sauerstoff, Kl.2, Ziffer 10)	500 kg x	1 =	500
Acetylen, Kl.2, Ziffer 4F)	250 kg x	3 =	750
		Summe:	1700

Gesamtsumme größer als 1000 ⇒ keine Erleichterungen.

Feuerlöscher

Beförderungseinheiten mit gefährlichen Gütern müssen
in der Regel mit **mindestens** 2 Feuerlöschern ausgerüstet
sein.
Ein Feuerlöscher, der geeignet ist, einen Brand des Motors
und des Führerhauses zu löschen. Mindestfassungsvermögen **2 kg**. Ein **zweiter Feuerlöscher**, der geeignet ist,
einen Brand der Ladung, der Reifen und der Bremse zu
löschen. Mindestfassungsvermögen **6 kg** (unter 3,5
Tonnen z.G. 2 kg).

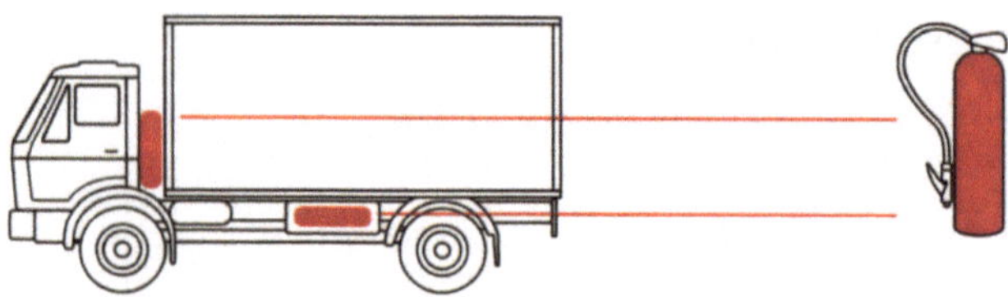

Feuerlöscher, die für den Ladungs-, Reifen- und Bremsen-
brand geeignet sind, müssen mit einer **Plombierung**
versehen sein, durch die sich nachprüfen läßt, daß sie
nicht verwendet worden sind.

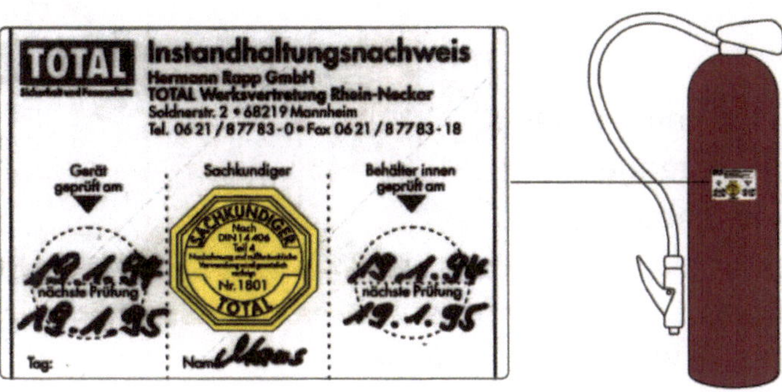

Feuerlöscher müssen außerdem von Sachkundigen jährlich geprüft werden und eine Aufschrift mit **dem Datum der nächsten Überprüfung** und den Namen des Sachverständigen tragen.

Werkzeugsatz

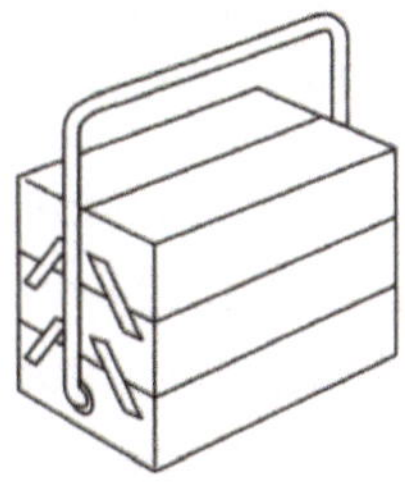

Beförderungseinheiten benötigen einen Werkzeugsatz für Notreparaturen.
Es wird empfohlen, zumindest Bordwerkzeug oder Werkzeug für einen Reifenwechsel zur Verfügung zu haben.

Unterlegkeil

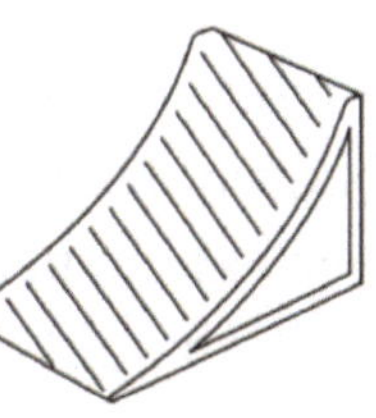

Jedes Fahrzeug (Motorwagen, Anhänger) muß mindestens mit einem Unterlegkeil ausgerüstet sein. Die Größe muß der Fahrzeugmasse und dem Raddurchmesser entsprechen.

Auch PKW, die Gefahrgut befördern, müssen laut GGVS mit einem Unterlegkeil ausgerüstet sein, obwohl die Forderung für einen Unterlegkeil nach StVZO erst bei einem Kraftfahrzeug mit einem zulässigen Gesamtgewicht von mehr als 4t besteht.

Warnleuchten

Jede Beförderungseinheit muß mit 2 Warnleuchten ausgerüstet sein, die orange-
farbenes Dauer- oder Blinklicht abgeben.
Sie dürfen bei ihrer Verwendung das
beförderte Gut nicht entzünden.
Nach StVZO § 22a müssen diese Warnleuchten einer
amtlich genehmigten Bauart entsprechen. Erkennbar an
der Kennzeichnung z.B. $\sim\sim\sim$ K 13937.

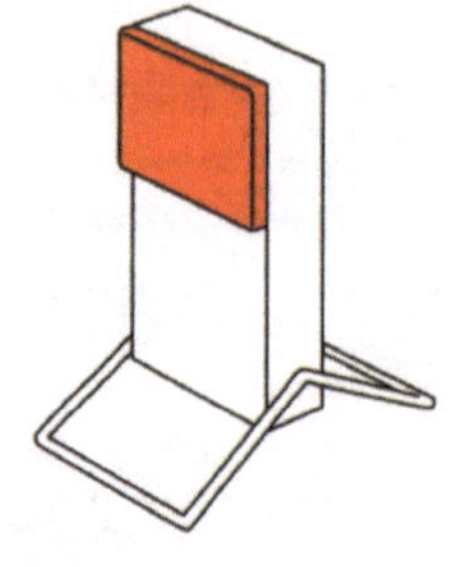

Tragbare Beleuchtungsgeräte
(z.B. Taschenlampe)

1. Das Betreten eines Fahrzeuges mit Beleuchtungsgeräten
   mit offener Flamme ist untersagt. Sie dürfen keine metal-
   lische Oberfläche haben, die Funken erzeugen können.

2. Gedeckte Fahrzeuge, die Flüssigkeiten mit einem Flammpunkt bis höchstens 61°C und brennbare Stoffe und Gegenstände der Klasse 2 befördern, dürfen nur mit Beleuchtungsgeräten betreten werden, die entzündbare Gase oder
   Dämpfe im Innern des Fahrzeuges nicht entzünden können.

   Das heißt, bei Benutzung einer
   Taschenlampe unter den genannten
   Bedingungen, muß diese explosions-
   geschützt ausgeführt sein.

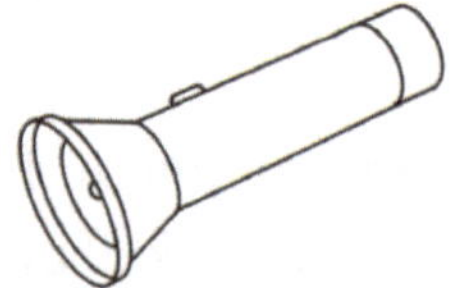

Ausrüstung für erste
Hilfsmaßnahmen

Um erste Hilfsmaßnahmen, wie sie in den Unfallmerk-
blättern beschrieben sind, bei einem Zwischenfall oder
Unfall durchführen zu können, ist eine entsprechende
Ausrüstung mitzuführen.

Diese Ausrüstung ist in den Unfallmerkblättern unter dem
Abschnitt **Persönliche Grundschützausrüstung** aufgeführt.
Dies könnte klassenspezifisch insbesondere sein:

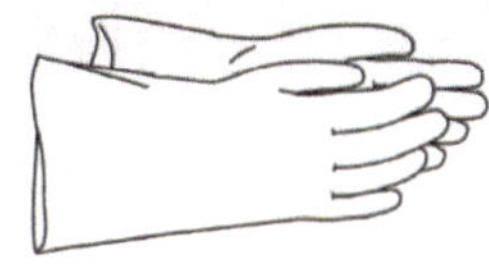

zum Schutz des Fahrzeugführers –
– einer Warnweste
– einer Schutzbrille
– einem geeigneten Atemschutz sofern giftige Stoffe
  befördert werden
– geeigneten Handschuhen
– einem geeigneten Schutz für die Füße (z.B. Stiefel)
– einem Grundschutz für den Körper (z.B. Schürze)
– einer Handlampe
– einer Augenspülflasche mit Wasser

zum Schutz der Öffentlichkeit –
– vier reflektierenden selbststehenden Warnzeichen
  (Kegel, Warndreiecke, usw.)

zum Schutz der Umwelt –
– Kanalisationsabdeckungen, die gegen
  den beförderten Stoff beständig sind
– einer geeignete Schaufel
– einem Besen
– geeignetem Bindemittel
– einem geeigneten Auffangbehälter
  (nur für kleine Mengen)

Es wird empfohlen auch für den/die Beifahrer eine
geeignete Ausrüstung bereit zu halten.

Bemerkung: Stand 28.11.1996
Schutzbrille, Schutzhandschuhe, Schaufel bzw. Spaten, dürfen bis
voraussichtlich 31.12.1998 als Mindestausrüstung weiterverwendet
werden.

Merke

- **Ein Fahrzeug, dessen Aufbau geschlossen werden kann, bezeichnet man als gedecktes Fahrzeug.**

- **Ein offenes Fahrzeug ist ein Fahrzeug, dessen Ladefläche offen oder nur mit Seitenwänden und einer Rückwand versehen ist.**

- **Nässeempfindliche Versandstücke dürfen nur in bedeckten oder gedeckten Fahrzeugen transportiert werden.**

- **Die Beförderung eines festen Stoffes ohne Verpackung bezeichnet man als Beförderung in loser Schüttung.**

- **Bei Gefahrguttransporten müssen in der Regel 2 Feuerlöscher mitgeführt werden.**

- **Aus der Angabe auf dem Feuerlöscher kann man erkennen, wann der Feuerlöscher wiederkehrend geprüft werden muß.**

- **Der Werkzeugsatz wird bei innerstaatlichen und grenzüberschreitenden Transporten benötigt.**

→ **Die Ladefläche eines mit brennbarer Flüssigkeit (Flammpunkt unter 61°C) beladenen Fahrzeuges, darf nur mit einer explosionsgeschützten Taschenlampe betreten werden.**

→ **Aus den Unfallmerkblättern kann der Fahrer die geeignete Schutzausrüstung für ein zu beförderndes Gefahrgut erfahren.**

Übungsfragen

1. Das Mindestfassungsvermögen eines Feuer-
   löschers, der für einen Brand der Ladung
   geeignet ist beträgt:

   ■ *2 kg*
   ■ *4 kg*
   ■ *6 kg*

2. Muß ein mit Gefahrgut beladener Anhänger, der
   auf einer öffentlichen Straße abgestellt wird,
   mit mindestens einem Feuerlöscher ausgerüstet
   sein?

   ■ *ja*
   ■ *nein*

3. Dürfen Warnleuchten ein weißes Dauer- oder
   Blinklicht haben?

   ■ *ja*
   ■ *nein*

4. Die Mindestschutzausrüstung könnte bestehen
   aus:

Übungsfragen

1. Das Mindestfassungsvermögen eines Feuer-
   löschers, der für einen Brand der Ladung
   geeignet ist beträgt:

   - 2 kg
   - 4 kg
   - 6 kg

2. Muß ein mit Gefahrgut beladener Anhänger, der
   auf einer öffentlichen Straße abgestellt wird,
   mit mindestens einem Feuerlöscher ausgerüstet
   sein?

   - ja
   - nein

3. Dürfen Warnleuchten ein weißes Dauer- oder
   Blinklicht haben?

   - ja
   - nein

4. Die Mindestschutzausrüstung könnte bestehen
   aus:

   - dichtschließende Schutzbrille
   - geeignete Handschuhe
   - Schaufel

Gefahrzettel

Versandstücke, in denen Gefahrgut transportiert wird,
werden außen mit Gefahrzettel gekennzeichnet. Sie
weisen auf die Gefahren hin, die von den jeweiligen
Versandstücken ausgehen.

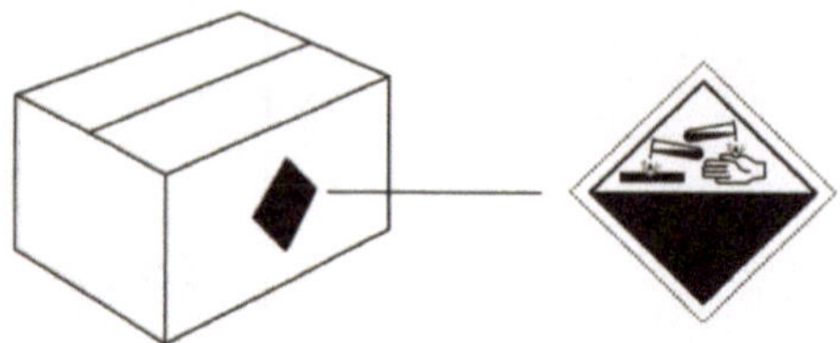

Jeder Gefahrzettel hat eine Nummer. Diese bezieht sich
auf die jeweilige Gefahrklasse (z.B. Gefahrzettel Nr.8 =
Klasse 8, ein ätzender Stoff). Die Form des Gefahrzettels
ist ein auf die Spitze gestelltes Quadrat mit einer Seitenlänge von 10 cm. Gefahrzettel, die außen am Fahrzeug
(z.B. Tank, Container) angebracht werden, müssen eine
Seitenlänge von mindestens 25 cm aufweisen.

Befinden sich verschiedene Gefahrzettel auf einem
Versandstück, so gehen mehrere Gefahren von diesem
Inhalt aus. Das Versandstück enthält, entweder Gefahrgüter unterschiedlicher Klassen oder ein Gefahrgut mit
verschiedenen Gefahreigenschaften.

Gefahrzettel

Nr. 01

Explosionsgefährlich

Nr. 2

*Nicht brennbares und
nicht giftiges Gas*

Nr. 5.1

*Entzündend wirkender
Stoff*

Nr. 1

Explosiv

Nr. 3

*Feuergefährlich
(entzündbare flüssige
Stoffe)*

Nr. 5.2

*Organisches Peroxid:
Feuergefahr*

Nr. 1.4

*Explosionsgefährlich
Unterklasse 1.4*

Nr. 4.1

*Feuergefährlich
(entzündbare feste
Stoffe)*

Nr. 05

*Entzündend wirkender
Stoff*

Nr. 1.5

*Explosionsgefährlich
Unterklasse 1.5*

Nr. 4.2

Selbstentzündlich

Nr. 6.1

Giftig

Nr. 1.6

*Explosionsgefährlich
Unterklasse 1.6*

Nr. 4.3

*Entzündliche Gase bei
Berührung mit Wasser*

Nr. 6.2

Ansteckungsgefährlich

Nr. 7A

Radioaktiv I

Nr. 7D

Radioaktiver Stoff

Nr. 11

oben

Nr. 7B

Radioaktiv II

Nr. 8

Ätzend

Nr. 7C

Radioaktiv III

Nr. 9

*Verschiedene
gefährliche Stoffe*

Aufschriften

Versandstücke sind in der Regel zusätzlich
zu den Gefahrzetteln deutlich und dauerhaft
mit der im Beförderungspapier angegebenen
Kennzeichnungsnummer des Gutes mit den
vorangestellten Buchstaben 'UN' zu versehen.

Weitere Aufschriften auf Versandstücken können z.B.
sein:

– 'Von Zündquellen fernhalten' (Klasse 9)
– 'AEROSOL' (Druckgaspackungen Klasse 2)
– 'Name' der Gase (Klasse 2)
– 'Name' der Stoffe oder Gegenstände (Klasse 1)

Orangefarbene Tafeln (Warntafeln)

Beförderungseinheiten, die gefährliche Güter transportieren, sind mit orangefarbenen Tafeln zu kennzeichnen. Sie dienen zur schnellen Erkennung von Gefahrguttransporten durch die Polizei, die Hilfsorganisationen und die öffentlichen Verkehrsteilnehmer.

Beförderungseinheiten können sein:

LKW

LKW mit Anhänger

Kleintransporter

PKW

Sattelzugmaschine mit Auflieger

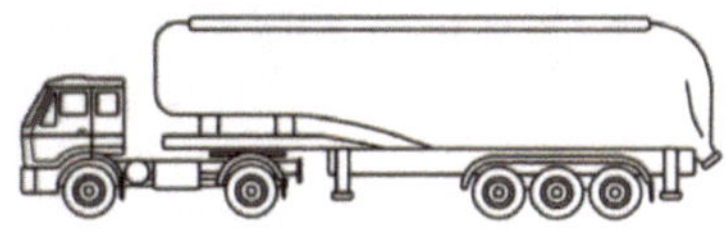

Silofahrzeug

LKW mit Kippermulde

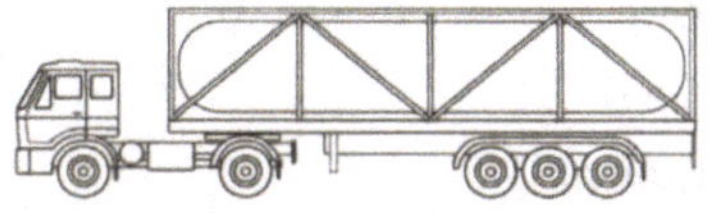

Sattelzug mit Tankcontainer

Tafeln im Stückguttransport sind orangefarben neutral. Größe: Grundlinie 40 cm, Höhe mindestens 30 cm, mit schwarzer Umrandung.

Wenn die zur Verfügung stehende Fläche zum Anbringen dieser Tafeln am Fahrzeug nicht ausreicht, darf die Größe der Tafeln auf 30 cm x 12 cm verringert werden. Überschreitet das Gefahrgut die Menge in der **Tabelle der 'begrenzten Mengen'**, so muß die Beförderungseinheit vorne und hinten deutlich sichtbar mit orangefarbenen Tafeln gekennzeichnet werden. Die Verantwortung für das Anbringen der Warntafeln liegt beim Fahrer.

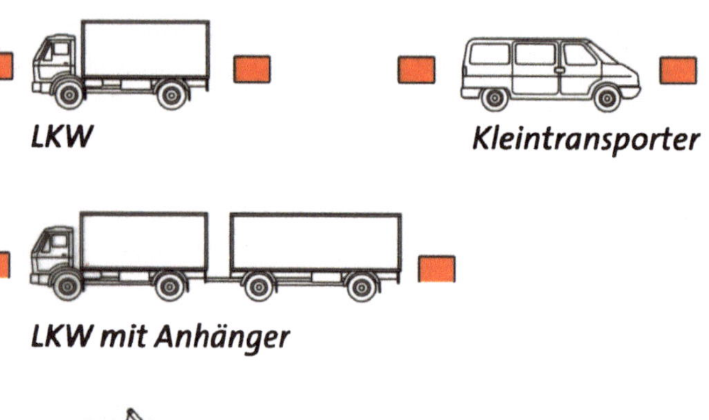

Beim Leertransport (kein Gefahrgut geladen) müssen die Gefahrzettel und orangefarbenen Tafeln entfernt oder vollständig verdeckt werden. Die Abdeckung der Tafeln muß dann noch nach einem Brand von 15 Minuten Dauer wirksam sein.

Besonderheiten bei der Bezettelung und Kennzeichnung:

Werden Versandstücke einschließlich Großpackmittel
(IBC), Container und Tankcontainer von oder zu einem
See-/Flughafen befördert, dürfen diese Versandstücke
auch nach **see-/luftrechtlichen** Vorschriften **bezettelt,
gekennzeichnet und mit Aufschriften versehen** sein.

Im Beförderungspapier ist dann zusätzlich zu vermerken:
'**Beförderung nach Rn 2007 des ADR**'.

In der Regel werden Beförderungseinheiten im Stückguttransport nicht mit Gefahrzetteln gekennzeichnet.

'Keine Regel, ohne Ausnahme'

Beim Transport von bezettelten Versandstücken der
Klasse 1 müssen die gleichen Gefahrzettel an beiden
Längsseiten und hinten am Fahrzeug angebracht sein.

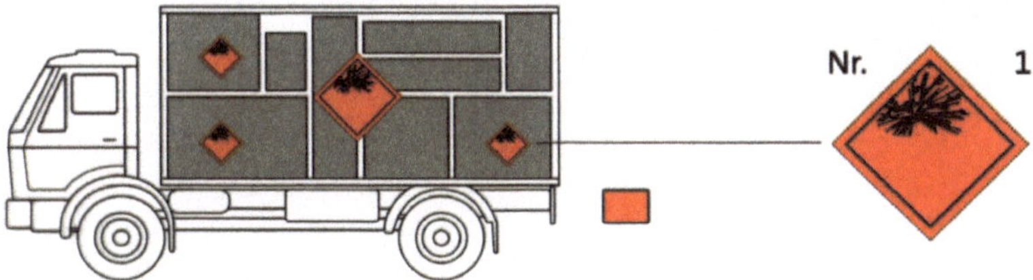

Beim Transport von gefährlichen Gütern in Versandstücken und in loser Schüttung in einem **Container**,
müssen die gleichen Gefahrzettel wie sie für die Versandstücke oder für die lose Schüttung vorgeschrieben sind an
allen vier Seiten des Containerns angebracht sein. Die
gleichen Vorschriften gelten auch für **Wechselbrücken**,
falls sie abgesetzt beladen oder während der Beförderung
vom Fahrzeug getrennt werden.

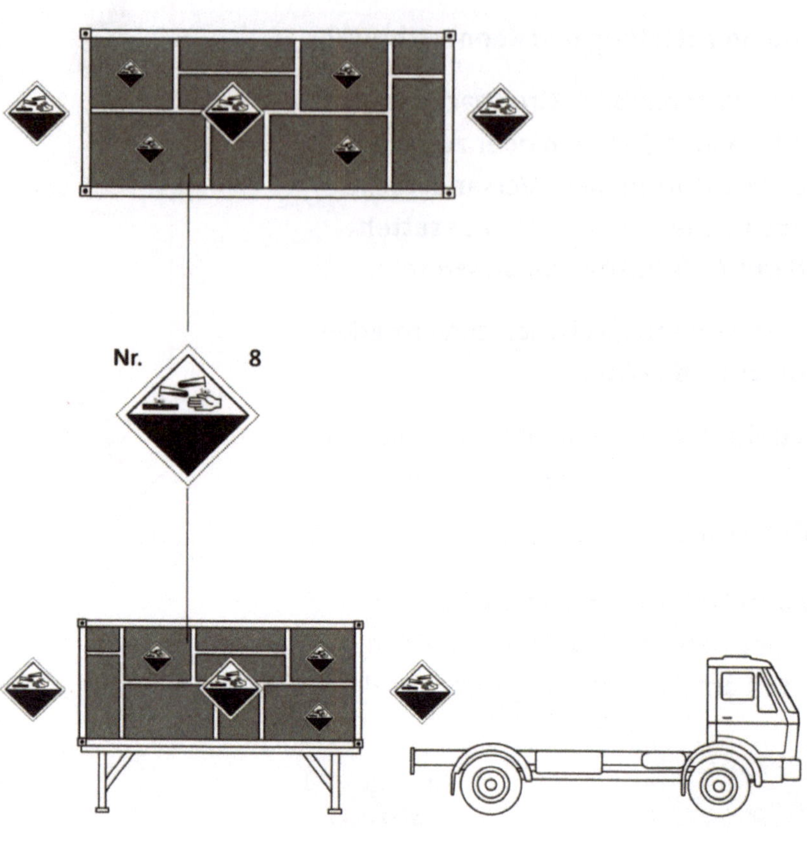

Beim **Schüttguttransport** (feste Stoffe in loser Schüttung)
müssen zusätzlich an den Seiten jeder Beförderungseinheit oder Containers orangefarbene Tafeln mit
Kennzeichnungsnummern wie sie im Anhang B.5 – und
im mitzuführenden Unfallmerkblatt – vorgeschrieben
sind, deutlich sichtbar angebracht sein.

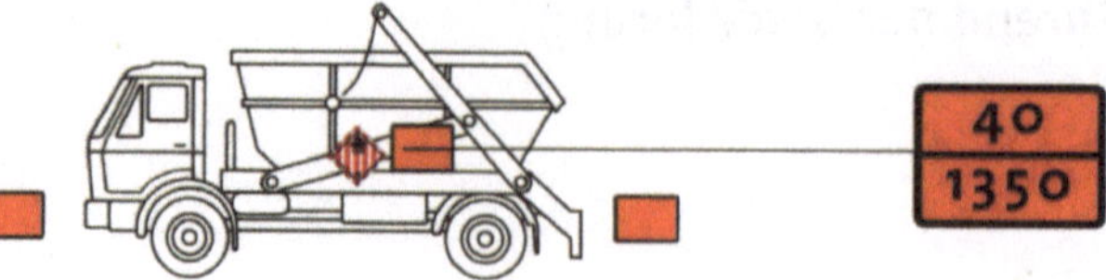

An Beförderungseinheiten, die nur einen der im Anhang
B.5 aufgezählten Stoff befördern, sind die an den Seiten
vorgeschriebenen orangefarbenen Tafeln nicht erforderlich, wenn die vorn und hinten aufgebrachten Tafeln mit
den vorgeschriebenen Kennzeichnungsnummern
versehen sind.

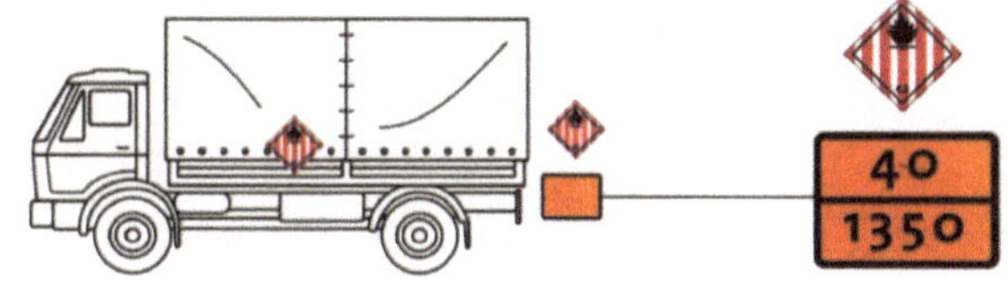

Tankcontainern, Container für Güter in loser Schüttung
und Batterie-Fahrzeuge müssen an beiden Seiten mit
den jeweiligen vorgeschriebenen Gefahrzetteln versehen
sein. Wenn diese Gefahrzettel von außen nicht sichtbar
sind, müssen die selben Gefahrzettel außerdem an beiden Längsseiten und hinten am Fahrzeug angebracht
sein.

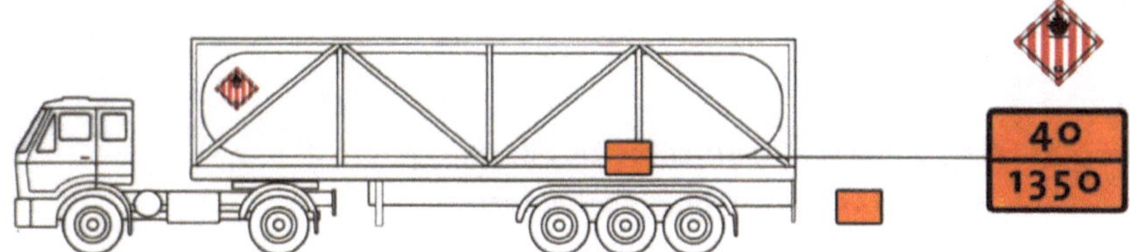

Die Vorschriften über die Kennzeichnung und Bezettelung gelten auch für ungereinigte leere und nicht
entgaste Tankcontainer und Batterie-Fahrzeuge, sowie
für ungereinigte leere Fahrzeuge und Container für
Güter in loser Schüttung.

Stoffe der Klasse 9, Ziffer 20 c und 21 c in erwärmten Zustand dürfen in SpezialTankcontainern und -Tankfahrzeugen oder in besonders eingerichteten Fahrzeugen für lose Schüttung befördert werden. Diese Spezialfahrzeuge und -Tankcontainer müssen dann zusätzlich an beiden Seiten und hinten mit dargestelltem Kennzeichen versehen sein.

*Bemerkung: Seitenlänge
mindestens 250 mm*

Bedeutung der Kennziffern auf den orangefarbenen Tafeln nach Anhang B.5

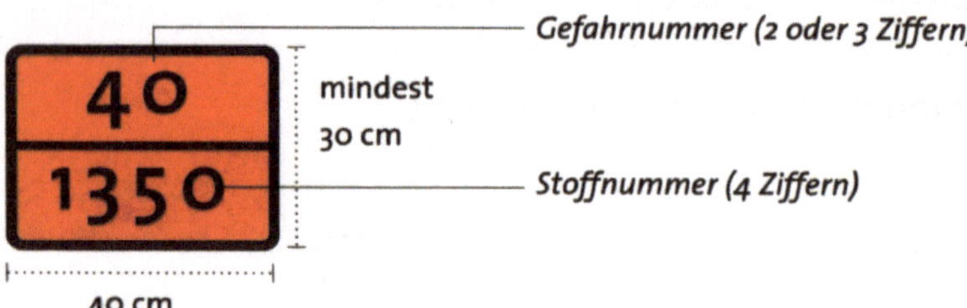

Rand, Querstrich und Ziffern scharz mit 15 mm Strichbreite, Ziffern unauslöschbar und nach einem Brand von 15 Minuten Dauer noch lesbar. Nicht erforderlich bei Containern in loser Schüttung und Tankcontainern. (z.B. wetterfeste Selbstklebefolie oder Farbanstrich)

Die **Gefahrnummer** besteht aus zwei oder drei Ziffern, die im allgemeinen auf folgende Gefahren hinweisen:

2 Entweichen von Gas durch Druck oder chemische Reaktion
3 Entzündbarkeit von flüssigen Stoffen (Dämpfen) und Gasen oder selbsterhitzungsfähiger flüssiger Stoff
4 Entzündbarkeit von festen Stoffen oder selbsterhitzungsfähiger fester Stoff

5 Oxidierende (brandfördende) Wirkung
6 Giftigkeit oder Ansteckungsgefahr
7 Radioaktivität
8 Ätzwirkung
9 Gefahr einer spontanen heftigen Reaktion
0 ohne Bedeutung

Die **Verdoppelung** der ersten beiden Ziffern weist auf die **Zunahme** der entsprechenden Gefahr hin.

Ist der Gefahrnummer ein '**X**' vorangestellt, so bedeutet dies, daß der Stoff in **gefährlicher Weise** mit **Wasser reagiert**.

Beispiele:

0 erstickendes Gas oder Gas, das keine Zusatzgefahr aufweist
3 brennbares Gas
3 giftiges Gas, entzündbar
0 entzündbarer flüssiger Stoff (Flammpunkt 23°C bis 61°C)
3 leicht entzündbarer flüssiger Stoff (Flammpunkt unter 23°C)
8 entzündbarer oder selbsterhitzungsfähiger fester Stoff, ätzend
9 stark oxidierender (brandfördernder Stoff), der spontan zu einer heftigen Reaktion führen kann
4 giftiger Stoff, entzündbar oder selbsterhitzungsfähig
3 sehr giftiger Stoff, entzündbar (Flammpunkt nicht über 61°C)
3 radioaktives Gas, brennbar
6 ätzender oder schwach ätzender Stoff, oxidierend (brandfördernd) und giftig

Einige Ziffernkombinationen haben eine besondere
Bedeutung z.B.:

22 tiefgekühltes Gas

333 pyrophorer flüssiger Stoff

44 entzündbarer fester Stoff, der sich bei erhöhter
Temperatur in geschmolzenem Zustand befindet

06 ansteckungsgefährlicher Stoff

90 umweltgefährdender Stoff

99 verschiedene gefährliche Stoffe in erwärmten Zustand

Der **Anhang B.5** ist in die Verzeichnisse I, II und III
gegliedert.

Verzeichnis I	namentlich aufgeführte Stoffe in alphabetischer Reihenfolge
Verzeichnis II	die im Verzeichnis I nicht namentlich aufgeführten spezifischen – oder allgemeinen Sammelbezeichnungen
Verzeichnis III	numerische Stoffnummernliste der Verzeichnisse I und II

Bezeichnung des Stoffes	Klasse und Ziffer der Stoffaufzählung	Nummer zur Kennzeichnung der Gefahr (obere Hälfte)	Nummer zur Kennzeichnung des Stoffes (untere Hälfte)	Gefahrzettel Muster Nr.
(a)	(b)	(c)	(d)	(e)
Octylaldehyde	3,31c)	30	1191	3
tert-Octylmercaptan	6.1, 20b)	63	3023	6.1 + 3
Octyltrichlorsilan	8,36b)	X 80	1801	8
Ölsaatkuchen	4.2,2c)	40	1386	4.2
Ölsaatkuchen	4.2,2c)	40	2217	4.2
Ottokraftstoff (Benzin)	3,3b)	33	1203	3
Papier, mit ungesättigten	4.2,3c)	40	1379	4.2
Ölen behandelt	4.1,6c)	40	2213	4.1
Paraformaldehyd	3.31 c)	30	1264	3
Paraldehyd	3,5 a), b), c)	33	1266	3
Parfümerieerzeugnisse	3.31 c)	30	1266	3
Parfümerieerzeugnisse	4.2, 19a)	333	1380	4.2 + 6.1

Auszug aus Anhang B.5, Verzeichnis I

Gruppe der Stoffes	Nummer zur Kennzeichnung des Stoffes (untere Hälfte)	Nummer zur Kennzeichnung der Gefahr (obere Hälfte)	Gefahrzettel Muster Nr.	Klasse und Ziffer der Stoffaufzählung
(a)	(b)	(c)	(d)	(e)
Erwärmter flüssiger Stoff,	3256			3.61c)
entzündbar, n.a.g.		30	3	
Klasse 4.1: Entzündbare feste Stoffe				
Spezifische n.a.g.-Eintragungen				
Entzündbare Metallhydride,	3182			4.1,14b),c)
n.a.g.		40	4.1	
Allgemeine n.a.g.-Eintragungen:				
Feste Stoffe, die entzündbare	3175			4.1,4c)
flüssige Stoffe enthalten, n.a.g.		40	4.1	
Entzündbarer organischer fester	3176			4.1,5
Stoff in geschmolzenem Zustand		44	4.1	

Auszug aus Anhang B.5, Verzeichnis II

Nummer zur Kennzeichnung des Stoffes (untere Hälfte)	Bezeichnung des Stoffes	Nummer zur Kennzeichnung der Gefahr (obere Hälfte)	Gefahrzettel Muster Nr.	Klasse und Ziffer der Stoffaufzählung
(a)	(b)	(c)	(d)	(e)
3170	Nebenprodukte der Aluminium-verarbeitung	423	4.3	4.3, 13b), c)
3172	Toxine, gewonnen aus lebenden Organismen, n.a.g.	66	6.1	6.1, 90a)
3172	Toxine, gewonnen aus lebenden Organismen, n.a.g.	60	6.1	6.1, 90b), c)
3174	Titaniumdisulfid	40	4.2	4.2, 13c)
3175	Feste Stoffe, die entzündbare flüssige Stoffe enthalten, n.a.g.	40	4.1	4.1, 4c)
3176	Entzündbarer organischer fester Stoff in geschmolzenem Zustand, n.a.g.	44	4.1	4.1,5
3178	Entzündbarer anorganischer fester Stoff, n.a.g.	40	4.1	4.1, 11b), c)
3179	Entzündbarer anorganischer fester Stoff	46	4.1 + 6.1	4.1, 16b), c)

Auszug aus Anhang B.5, Verzeichnis III

Merke

Gefahrzettel weisen auf die Gefahren hin, die
von den jeweiligen Versandstücken ausgehen.

Gefahrzettel sollen nicht nur den Fahrer, son-
dern auch andere Verkehrsteilnehmer auf die
Gefahren hinweisen.

- Sind auf einem Versandstück verschiedene
  Gefahrzettel angebracht, gehen von diesem
  Gefahrgut verschiedene Gefahren aus.

Ist ein Versandstück mit einem durchgestriche-
nen Gefahrzettel gekennzeichnet, darf der
Fahrer dieses nicht zu Beförderung annehmen.

Ein mit Plane und Spriegel bedeckter Container
muß außen auf dem Fahrzeug nicht bezettelt
sein.

- Warntafeln sollen auf das transportierte Gefahrgut hinweisen.

- Beförderungseinheiten, die mit gefährlichen
  Versandstücken beladen sind, müssen vorne
  und hinten mit einer Warntafel versehen sein.

- ▶ Das Anbringen von Warntafeln ist abhängig von
  der Art des gefährlichen Gutes und der zu beför-
  dernden Menge nach der Tabelle der 'begrenzten Mengen'.

- ▶ Gefährliche Abfälle in Versandstücken in
  kennzeichnungspflichtiger Menge sind mit
  neutralen Warntafeln zu kennzeichnen.

- ▶ Befindet sich kein Gefahrgut mehr auf dem
  Fahrzeug, sind die Warntafeln abzudecken oder
  zu entfernen.

Übungsfragen

1. Ein LKW befördert 500 kg Batteriesäure (Kl.8,
   1b) in 5 kg Kanistern. Ist diese Beförderungseinheit zu kennzeichnen?

   ☒ *ja, bei mehr als* `100` *kg*
   ☐ *nein*

   Wenn ja, wie? `vorne und hinten neutrale Warntafel`

2. Ein Pritschenwagen 7,5 t ist mit 5 Flaschen
   a 60 kg Acetylen (Kl.2, 4F) beladen. Ist dieses
   Fahrzeug zu kennzeichnen?

   ☐ *ja, bei mehr als* `333` *kg*
   ☒ *nein*

   Wenn ja, wie? `./.`

3. Ein Sattelzug befördert 750 kg Sauerstoff (Kl.2,
   10) und 80 kg Natronlauge (Kl.8, 42b). Ist dieses
   Fahrzeug zu kennzeichnen?

Sauerstoff	`750`	*kg x Faktor*	`1`	=	`750`
Natronlauge	`80`	*kg x Faktor*	`10`	=	`800`
				Summe:	`1550`

   ☒ *ja*
   ☐ *nein*

   Wenn ja, wie? `vorne und hinten neutrale Warntafel`

Übungsfragen

1. Ein LKW befördert 500 kg Batteriesäure (Kl.8,
   1b) in 5 kg Kanistern. Ist diese Beförderungseinheit zu kennzeichnen?

   ☐ *ja, bei mehr als* ▮▮▮ *kg*
   ☐ *nein*

   Wenn ja, wie? ▮▮▮▮▮▮▮▮▮▮

2. Ein Pritschenwagen 7,5 t ist mit 5 Flaschen
   a 60 kg Acetylen (Kl.2, 4F) beladen. Ist dieses
   Fahrzeug zu kennzeichnen?

   ☐ *ja, bei mehr als* ▮▮▮ *kg*
   ☐ *nein*

   Wenn ja, wie? ▮▮▮▮▮▮▮▮▮▮

3. Ein Sattelzug befördert 750 kg Sauerstoff
   (Kl.2, 1o) und 80 kg Natronlauge (Kl.8, 42b).
   Ist dieses Fahrzeug zu kennzeichnen?

   Sauerstoff ▮▮▮ *kg x Faktor* ▮▮▮ = ▮▮▮
   Natronlauge ▮▮▮ *kg x Faktor* ▮▮▮ = ▮▮▮
   Summe: ▮▮▮

   ☐ *ja*
   ☐ *nein*

   Wenn ja, wie? ▮▮▮▮▮▮▮▮▮▮

Abfahrtskontrolle

Vor jedem Fahrtantritt muß sich der Fahrer von der
Verkehrs- und Betriebssicherheit des Fahrzeuges über-
zeugen. Diese Regel gilt besonders für Fahrzeuge, die
Gefahrguttransporte durchführen. Es wird empfohlen,
eine Abfahrtskontrolle anhand einer Checkliste durchzuführen. Diese Kontrolle gewährleistet ein systemati-
sches Vorgehen und verhindert ein Übersehen wichtiger
Prüfpunkte.

Checkliste

Begleitpapiere	ja	nein
Beförderungspapier		
Beförderungspapier korrekt ausgestellt?		
Richtige Unfallmerkblätter erhalten?		
Unfallmerkblätter im Führerhaus aufbewahrt?		
Ungültige Unfallmerkblätter vernichtet oder getrennt von den Begleitpapieren aufbewahren		
Vom Inhalt der Unfallmerkblätter Kenntnis genommen?		
ADR-Bescheinigung		
ADR-Bescheinigung gültig?		
B.3-Bescheinigung		
B.3-Bescheinigung gültig?		
Fahrwegbestimmung nach § 7 GGVS		
Bei gefährlichen Gütern nach §7 GGVS Bescheinigung der DB, WSD?		
GGVS-Ausnahme/ADR-Vereinbarung		
Container-Packzertifikat		

Ausrüstung | ja | nein

	ja	nein
Feuerlöscher: für Fahrzeugbrand, mindestens 2 kg für Ladungsbrand, mindestens 6 kg		
Plombierung vorhanden?		
Prüfdatum noch nicht abgelaufen?		
Werkzeugsatz		
Unterlegkeile vorhanden?		
2 Warnleuchten vorhanden?		
Warnleuchten geprüft und funktionsbereit?		
Schutzausrüstung entsprechend der Unfallmerkblätter		
Warntafeln sichtbar angebracht?		
Erste Hilfe Ausrüstung und Warndreieck vorhanden?		

Fahrbetrieb (allgemein)

	ja	nein
Kraftstoff im Tank?		
Ölstände in Ordnung?		
Kühlwasser in Ordnung?		
Reifen Profiltiefe kontrolliert?		
Reifen auf Schäden kontrolliert?		
Reifendruck in Ordnung?		
Bremsen in Ordnung?		
Lenkung in Ordnung?		
Lichtanlage in Ordnung?		
Federung in Ordnung?		
Chassis in Ordnung?		

Zusammenladeverbote

Werden Versandstücke mit Gütern **ausschließlich** der
Klasse 1 beladen, muß auf Zusammenladeverbote in einem
Fahrzeug geachtet werden. Das gleiche gilt auch, wenn
Versandstücke mit Gütern verschiedener Klassen und der
Klasse 1 zusammengeladen werden.
Das Zusammenladeverbot läßt sich leicht anhand der an
den Versandstücken angebrachten Gefahrzetteln fest-
stellen.

1. Für Stoffe der Klasse 1 können untereinander Zusammenladeverbote bestehen. Sie lassen sich durch die sogenannten Verträglichkeitsgruppen ermitteln.

Beispiel: *0246 Munition 1.3 H*

Verträglichkeitsgruppe H steht für Gegenstände, die sowohl
explosiven Stoff als auch weißen Phosphor enthalten.

Verträglichkeits-gruppe	A	B	C	D	E	F	G	H	J	L	N	S
A	x											
B		x		1)							x	x
C			x	x	x		x				2)	x
D		1)	x	x	x		x				2) 3)	x
E			x	x	x		x				2) 3)	x
F						x						x
G			x	x	x		x					x
H								x				x
J									x			x
L										4)		
N			2)	2) 3)	2) 3)							
S	x	x	x	x	x	x	x	x	x		x	x

X = Zusammenladen erlaubt

1. Versandstücke mit Stoffen und Gegenständen der Verträglichkeitsgruppen B und D dürfen zusammen in ein Fahrzeug verladen werden, vorausgesetzt, sie werden in getrennten Behältern oder Abteilen befördert, deren Bauart von der zuständigen Behörde oder einer von ihr bestimmten Stelle zugelassen ist und die so ausgelegt sind, daß zwischen den Behältern oder Abteilen jede Explosionsübertragung von Gegenständen der Verträglichkeitsgruppe B auf Stoffe und Gegenstände der Verträglichkeitsgruppe D verhindert wird.

2. Verschiedene Gegenstände der Unterklasse 1.6 Verträglichkeitsgruppe N dürfen nur als Gegenstände der Unterklasse 1.6 Verträglichkeitsgruppe N zusammen befördert werden, wenn durch Prüfung oder Analogie bewiesen ist, daß keine zusätzliche Detonationsgefahr durch Übertragung unter den erwähnten Gegenständen besteht. Andernfalls sind sie als zur Unterklasse 1.1 gehörend zu behandeln.

3. Werden Gegenstände der Verträglichkeitsgruppe N mit Stoffen oder Gegenständen der Verträglichkeitsgruppen C, D oder E befördert, sind die Gegenstände der Verträglichkeitsgruppe N so zu behandeln, als ob sie zur Verträglichkeitsgruppe D gehörten.

4. Versandstücke mit Stoffen und Gegenständen der Verträglichkeitsgruppe L dürfen mit Versandstücken mit gleichartigen Stoffen und Gegenständen derselben Verträglichkeitsgruppe zusammen in ein Fahrzeug verladen werden.

2. Es besteht ein generelles Zusammenladeverbot von Versandstücken mit Gefahrzetteln nach Muster 1, 1.4 (ausgenommen Verträglichkeitsgruppe S), 1.5 oder 1.6 und Versandstücken mit Gefahrzetteln nach Muster:

Ein weiteres Zusammenladeverbot besteht bei Versandstücken mit Gefahrzettel Muster 5.2 und 01 und
Versandstücken mit Gefahrzettel Muster 1, 1.4, 1.5, 1.6, 2, 3,
4.1, 4.2, 4.3, 5.1, 6.1, 7A, 7B, 7C, 8 oder 9,

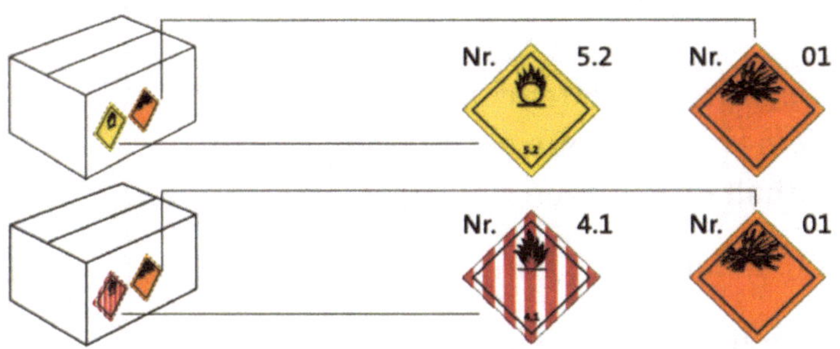

und bei Versandstücken mit Gefahrzettel Muster 4.1 und 01
und Versandstücken mit Gefahrzettel Muster 1, 1.4, 1.5, 1.6,
2, 3, 4.2, 4.3, 5.1, 5.2, 6.1, 7A, 7B, 7C, 8 oder 9.
Die Zusammenladeverbote für Güter in einem Fahrzeug
gelten auch für Güter in einem Container.

Besonderheiten beim Verladen

Vorsichtsmaßnahmen bei Nahrungs-, Genuß- und Futtermitteln

Versandstücke, einschließlich Großpackmittel (IBC), sowie
ungereinigte leere Verpackungen, einschließlich ungereinigte leere Großpackmittel (IBC), mit Zetteln nach Muster
6.1 oder 6.2 oder solche mit Zetteln nach Muster 9, die Stoffe der Ziffern 1, 2b), 3 oder 13b) der Klasse 9 enthalten, dürfen in Fahrzeugen und an Belade-, Entlade- und Umlade-
stellen nicht mit Versandstücken, von denen bekannt ist,
daß sie Nahrungs-, Genuß- oder Futtermittel enthalten,
übereinander gestapelt werden oder in deren
unmittelbarer Nähe verladen werden.

Werden diese Versandstücke mit den genannten Zetteln in
unmittelbarer Nähe von Versandstücken verladen, von
denen bekannt ist, daß sie Nahrungs-, Genuß- oder Futtermittel enthalten, müssen sie von diesen getrennt sein:

a. durch vollwandige Trennwände. Diese Trennwände müssen so hoch sein wie die Versandstücke mit obengenannten Zetteln; oder nach Muster 6.1, 6.2 oder 9, sofern letztere Stoffe der Ziffern 1, 2, 3 oder 13 der Klasse 9 enthalten, oder

b. durch Versandstücke, die nicht mit Zetteln nach Muster 6.1, 6.2 oder 9, sofern letztere Stoffe der Ziffern 1, 2, 3 oder 13 der Klasse 9 enthalten, versehen sind, oder

c. durch einen Abstand von mindestens 0,8 m.

es sei denn, Versandstücke mit diesen Zetteln sind zusätzlich verpackt oder vollständig abgedeckt (z.B. durch Folie, Stülpkarton oder sonstige Maßnahmen)

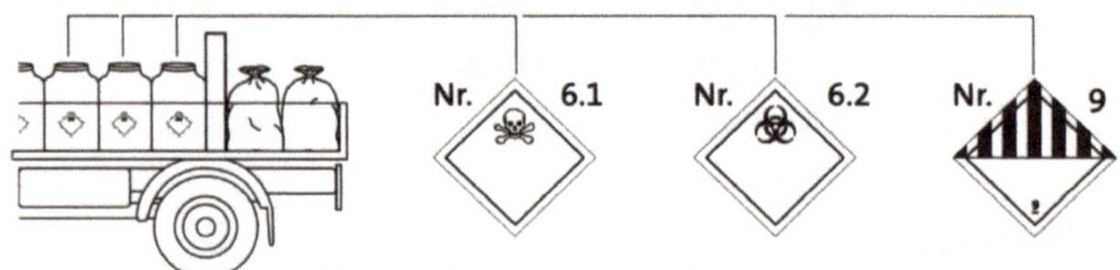

Durch diese Maßnahme soll verhindert werden, daß Nahrungs-, Genuß- und Futtermittel durch Gefahrgüter negativ beeinträchtigt werden oder bei Beschädigung von Versandstücken gefährlich reagieren.
Ferner soll die Genießbarkeit dieser -mittel und dadurch die Gesundheit für Mensch und Tier gewährleistet sein.

WICHTIG !
Versandstücke mit gefährlichen Gütern dürfen durch das Fahr- oder Begleitpersonal nicht geöffnet werden.

Bei Ladearbeiten ist der Umgang mit Feuer oder offenen Licht, in der Nähe von Versandstücken und haltenden Fahrzeugen sowie in den Fahrzeugen untersagt.

Rauchverbot
Bei Ladearbeiten von Gefahrgut besteht Rauchverbot in den Fahrzeugen und in der Nähe von Fahrzeugen.

Zusammenladeverbote

**Versandstücke
mit den
Gefahrzetteln**

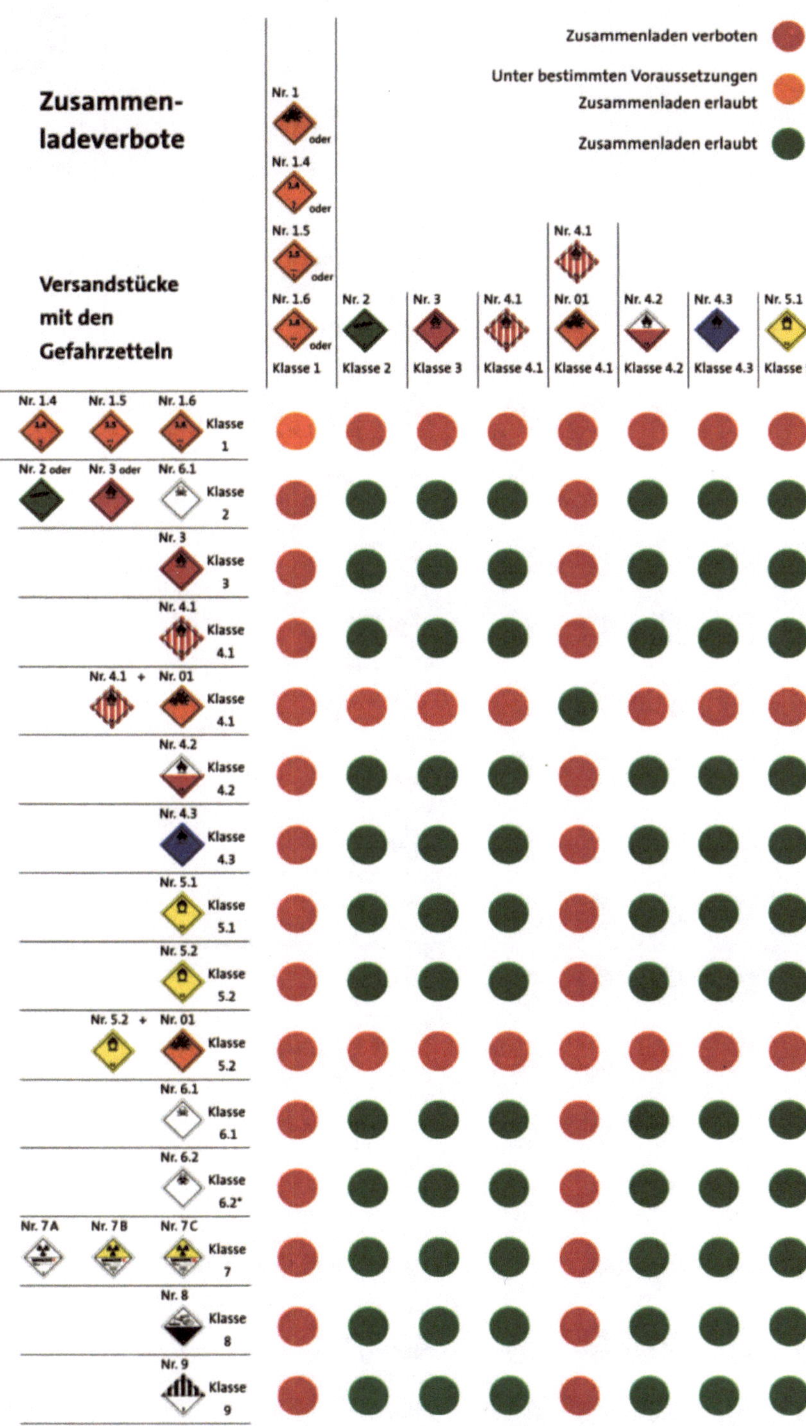

*) Zusammenladeverbot
mit Nahrungs-, Genuß-
und Futtermittel

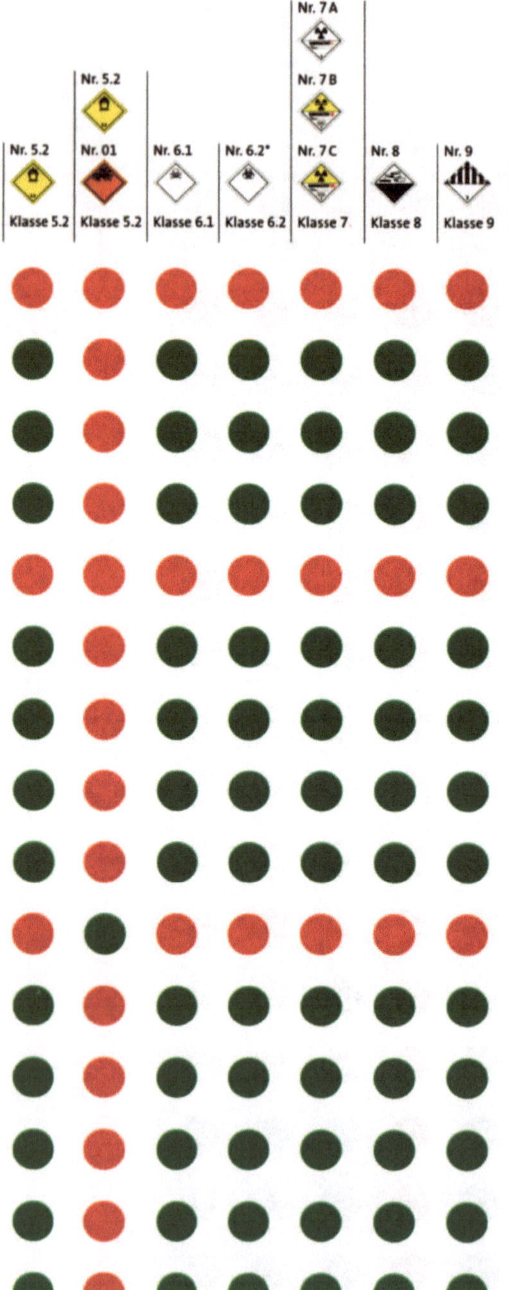

Versandstücke
mit den
Gefahrzetteln

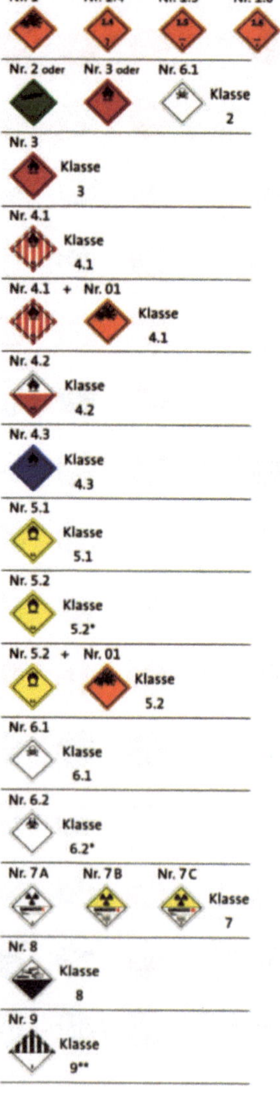

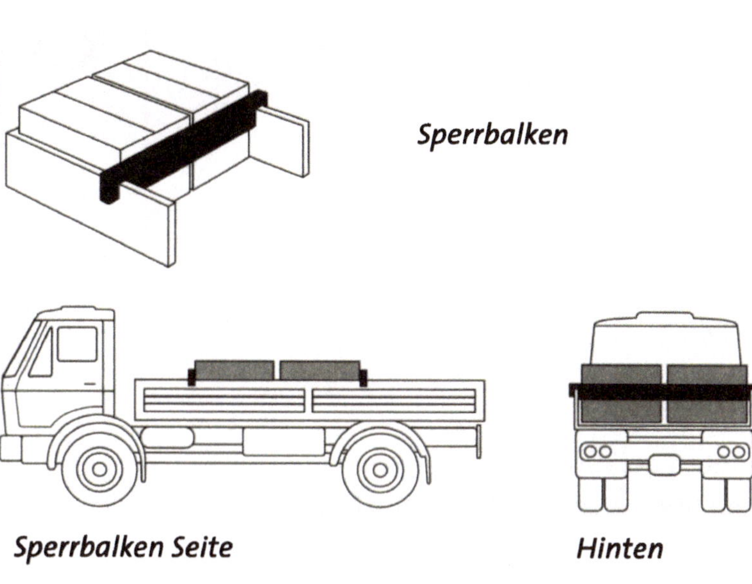

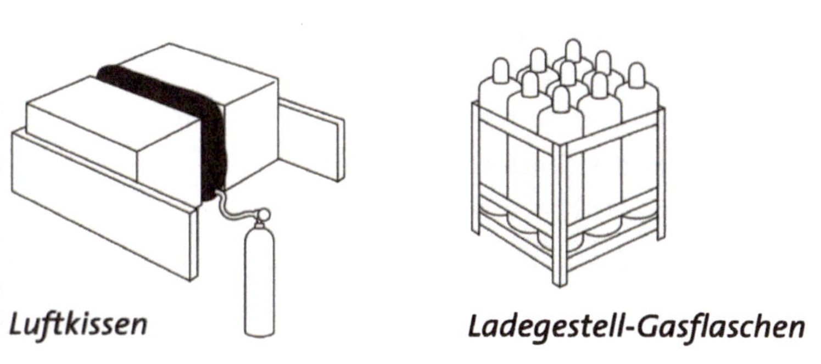

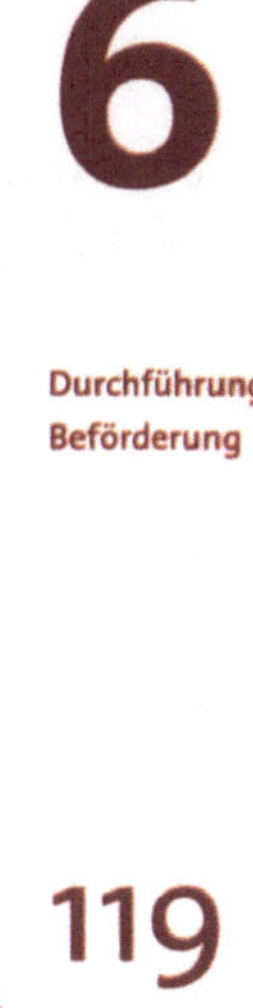

Die einzelnen Teile einer Ladung mit gefährlichen Gütern
müssen auf dem Fahrzeug so verstaut oder durch geeignete Mittel gesichert sein, daß sie ihre Lage zueinander
sowie zu den Wänden des Fahrzeugs nur geringfügig
verändern können. Eine ausreichende Ladungssicherung
liegt auch vor, wenn die gesamte Ladefläche in jeder
Lage mit Versandstücken vollständig ausgefüllt ist.

zuständigen Behörde zulässig. Dies gilt für bestimmte
Stoffe in den Klassen 2, 4.1, 5.2, 6.1 und 6.2.

Wenn Fahrzeuge mit Stoffen oder Gegenständen der
Klasse 1 zum Be- oder Entladen an einer der Öffentlichkeit
zugänglichen Stelle zum Halten gezwungen sind, so muß
der Abstand zwischen den haltenden Fahrzeugen
mindestens 50 m betragen.

Überwachung der Fahrzeuge

Fahrzeuge mit bestimmten gefährlichen Gütern müssen
ab bestimmten Mengen überwacht werden. Ohne Überwachung dürfen sie im Freien, in einem Lager oder im
Werksbereich abgesondert parken. Dabei muß ausreichende Sicherheit gewährleistet sein. Wenn solche
Parkmöglichkeiten nicht vorhanden sind, darf das Fahrzeug nur dann abgestellt werden, wenn die Bewachung
durch den Fahrer selbst oder durch eine unterrichtete
Person (z.B. Parkwächter), die über die Gefährlichkeit der
Ladung und den Aufenthaltsort des Fahrers informiert
wurde, erfolgen.

Die Mindestanforderung an einen geeigneten Parkplatz
ist eine von der Öffentlichkeit gewöhnlich wenig
benutzte geeignete freie Fläche abseits von Haupt-
verkehrsstraßen und Wohngebieten.

Innerstaatliche Abweichung

Die unterrichtete Person (z.B. Parkwächter) muß in der
Lage sein, die unter Kapitel 'Halten und Parken eines
Fahrzeuges, das eine besondere Gefahr darstellt' vorgesehenen Maßnahmen zu ergreifen oder unverzüglich zu
veranlassen.

- Giftige Stoffe müssen von Nahrungs-, Genuß-
  und Futtermitteln getrennt gehalten werden.

- Beim Bremsen versucht die Ladung, sich in
  Fahrtrichtung zu verschieben.

- Bei Kurvenfahrt versucht die Ladung, sich zur
  Kurvenaußenseite zu verschieben.

- Der Fahrer ist verpflichtet, wenn er selbst
  belädt, die Ladung mit geeigneten Ladungs-
  sicherungsmitteln zu sichern.

- Die Ladung muß so gesichert sein, daß sie ihre
  Lage untereinander und zu den Bordwänden
  nicht oder nur geringfügig verändern kann.

- Da Rauchen eine Zündquelle darstellt, besteht
  bei Ladearbeiten Rauchverbot.

- Rauchen bei Ladearbeiten ist nur in ausreichen-
  der Entfernung vom Fahrzeug erlaubt.

- Für den Gefahrguttransport ist nur die Fahrzeugbesatzung zugelassen.

- Eine große freie Parkfläche mit Bewachung ist
  der beste Parkplatz für ein Fahrzeug mit Gefahrgut.

Der Auftraggeber des Absenders

- hat den Absender auf das Gefahrgut
  und dessen Bezeichnung (Kennzeichnungsnummer, Benennung,
  Klasse, Ziffer und Buchstabe)
  schriftlich hinzuweisen.

- hat den Absender bei Gütern für die § 7 gilt auf die
  Beachtung des § 7 schriftlich hinzuweisen.

Der Absender

- hat den Beförderer/Verlader auf das
  Gefahrgut und dessen Bezeichnung
  (Kennzeichnungsnummer,
  Benennung, Klasse, Ziffer
  und Buchstabe) hinzuweisen.

- hat den Beförderer/Verlader bei Gütern für die § 7 gilt auf
  die Beachtung des § 7 hinzuweisen.

- hat ein Beförderungspapier mitzugeben, das den Vorschriften entspricht.

- hat die Verantwortlichenerklärung zu erstellen.

- hat vor Beförderungsbeginn dem Beförderer:
  - den Bescheid der Ausnahmegenehmigung nach § 5 zu
    übergeben;
  - bei zwischenstaatlichen Vereinbarungen den wesent-
    lichen Text dieser Vereinbarung zu übergeben;
  - die Kopie einer Genehmigung für die Klassen 1, 5.2 und 7
    mitzugeben.

- hat Zusatzangaben aufgrund von Ausnahmen im
  Beförderungspapier einzutragen.

Der Hersteller

- darf nur Versandstücke und Großpackmittel, die der zugelassenen
Bauart entsprechen und die in der
Zulassung genannten Bedingungen
erfüllen, kennzeichnen.

Der Verpacker

- hat die Vorschriften:
  – über die Verpackungen,
  – über das Zusammenpacken,
  – über die Kennzeichnung von
  Verpackungen, zu beachten.

Der Verlader

- hat den Fahrzeugführer auf das
Gefahrgut und dessen Bezeichnung
(Kennzeichnungsnummer,
Benennung, Klasse, Ziffer
und Buchstabe) hinzuweisen.

- hat den Fahrzeugführer bei Gütern für die § 7 gilt auf die
Beachtung des § 7 hinzuweisen.

- hat dafür zu sorgen, daß die Unfallmerkblätter in den
Besitz des Fahrers gelangen.

- darf keine beschädigten oder undichten Versandstücke
übergeben.

- hat nach Teilentnahme eines Gefahrgutes aus einem
  Versandstück, das Versandstück nach den Vorschriften
  zu verschließen.

- darf nur für den Transport zugelassene Gefahrgüter
  übergeben.

- darf Gefahrgüter für die Beförderung in loser Schüttung
  und in Containern nur übergeben, wenn sie für diese
  Beförderungsart zugelassen sind.

Der Beförderer

- hat dafür zu sorgen, daß dem Fahrzeugführer vor Beförderungsbeginn:
  - die erforderlichen Begleitpapiere
    (z.B. das Beförderungspapier);
  - der Bescheid über die Ausnahme-
    zulassung;
  - die erforderliche Ausrüstung für erste Hilfsmaßnahmen
    (Brille, Handschuhe, etc.);
  übergeben wird.

- hat dafür zu sorgen, daß die Fahrzeugbesatzung fähig ist,
  die Unfallmerkblätter zu verstehen und richtig anwenden
  kann.

- hat für die vorgeschriebene Fahrzeugbesatzung zu sorgen.

- darf nur für den Transport zugelassene Gefahrgüter
  befördern.

- hat die Vorschriften über die Fahrzeugarten zu beachten.

- darf Gefahrgut in loser Schüttung und in Containern nur
  befördern, wenn dies zulässig ist.

- muß vorgeschriebene Mengengrenzen einhalten
  (z.B. Klasse 1, 4.1, 5.2).

Der Halter

- hat Fahrzeuge mit Warntafeln und
  Gefahrzettel auszurüsten.

- hat die Vorschriften über Bau und
  Ausrüstung:
  – Feuerlöscher
  – Werkzeugkasten
  – Unterlegkeil
  – Warnleuchten
  der Fahrzeuge zu beachten.

Der Fahrzeugführer

- hat die für den Transport notwendi-
  gen Begleitpapiere und vorgeschriebenen Ausrüstungsgegenstände mitzuführen und zuständigen Personen
  auf Verlangen auszuhändigen.

- hat die Vorschriften über das Anbringen/Sichtbarmachen
  und Verdecken/Entfernen der Warntafeln und Gefahrzettel an Fahrzeugen zu beachten.

- darf nur unbeschädigte und dichte Versandstücke befördern.

- hat die Vorschriften über Zusammenladen, Durchführung
  der Beförderung und Überwachung beim Parken zu
  beachten.

- hat die vorgeschriebene Ausrüstung für erste Hilfsmaßnahmen mitzuführen, um die im Unfallmerkblatt vorgeschriebenen Maßnahmen treffen zu können.

- hat die Vorschriften über das Betreten von Fahrzeugen
  mit Beleuchtungsgeräten zu beachten.

- muß im Besitz einer gültigen ADR-Bescheinigung sein.

- hat beim Halten und Parken die Feststellbremse
  anzuziehen.

- hat nachts oder bei schlechter Sicht beim Halten und
  Parken die vorgeschriebenen Warnleuchten aufzustellen.

- hat, wenn verschüttetes Gefahrgut eine besondere
  Gefahr für die Straßenbenutzer darstellt, unverzüglich
  die Polizei zu benachrichtigen.

- muß vor Abfahrt die sichere Verstauung durch äußere
  Besichtigung prüfen und während der Fahrt erkennbare
  Störungen beheben, oder beheben lassen.

Der Empfänger

- hat an leeren Containern die Warntafeln
  und die Gefahrzettel zu entfernen.

- hat an leeren und entgasten Tankcontainern die Warntafeln und
  Gefahrzettel zu entfernen.

In der GGVS lassen sich einige Verantwortlichkeiten nicht nur einer verantwortlichen Person zuweisen. Aus diesem Grund und zur Kontrolle der Vorschriften müssen die Verantwortungen auf mehrere Personen verteilt werden. Der Verantwortungsbereich dieser Personen sollte durch einen Organisationsplan für alle am Transport Beteiligten geregelt werden.

Diese Verantwortlichkeiten wurden zusammengefaßt und lauten sinngemäß:

Der **Verlader und Fahrzeugführer** hat die Vorschriften über das Beladen, Zusammenladen und die Handhabung zu beachten.

Der **Fahrzeugführer und Empfänger** hat die Vorschriften über das Entladen zu beachten.

Der **Verlader, Beförderer, Fahrer, Beifahrer und Empfänger** hat die Vorschriften über
– das Verbot von offenem Feuer und Licht
– das Rauchverbot
zu beachten.

Der **Betroffene** hat die Auflagen einer B.3-Bescheinigung und einer Ausnahmezulassung nach § 5 zu beachten.

Wer als **unmittelbarer Besitzer** gefährliche Güter in einen Container lädt oder laden läßt, hat die außen auf dem Container vorgeschriebenen Warntafeln und Gefahrzettel anzubringen.

Der **Verlader, Fahrer und Empfänger** hat die Vorschriften über Vorsichtsmaßnahmen bei Nahrungs-, Genuß- und Futtermitteln zu beachten.

Wichtigste Regeln der Brandbekämpfung

Falsch   **Richtig**

Feuer in Windrichtung angreifen

Flächenbrände vorn unten beginnend ablöschen

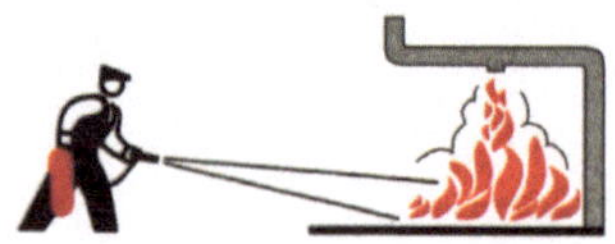 

Aber: Tropf- und Fließbrände von oben nach unten löschen

 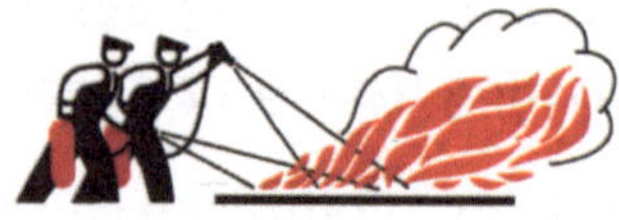

*Genügend Löscher auf einmal einsetzen –
nicht nacheinander*

Vorsicht vor Wiederentzündung

Siegfried Kreth
Schulungsprogramm Gefahrguttransport
Referentenunterlagen
Stück- und Schüttgutfahrer

2. Austauschlieferung

ISBN 3-540-62426-0 Springer-Verlag Berlin Heidelberg New York

Diese 2. Austausch- bzw. Ergänzungslieferung setzt sich zusammen aus:
- 91 Austauschfolien,
- 2 Zusatzinformationen auf Karton,
- 8 Registerseiten auf Karton,
- 5 Seiten Vorwerk auf Karton

Hinweise für den Benutzer:
In Ihrem Ordner müssen Sie laut dem beiliegenden 'Fahrplan' (2 Seiten
auf Karton) die entsprechend markierten Folien austauschen bzw.
ergänzen.

Hierzu gehen Sie am besten wie folgt vor:
- Zunächst tauschen Sie die Registerseiten (8 Seiten Karton) und das
  Vorwerk (5 Seiten Karton und 1 Folie) bis auf das Vorwort komplett aus.
- Dann sollten Sie die Folien für die Kapitel 4 und 5 vollständig
  austauschen.
- Anschließend tauschen oder ergänzen Sie die restlichen Folien und
  Zusatzinformationen.

Anmerkung:
- Die bisherigen Folien 6.93 und 6.94 müssen aus dem Ordner entfernt
  werden.
- Die Folie 4.83 enthält einen Fehler im Text, da die Korrektur nach Druck-
  legung erfolgte. Bitte ändern Sie den letzten Absatz wie folgt auf den
  gleichen Wortlaut wie im Basiskurs: 'Diese Feuerlöscher müssen mit
  einer Plombierung versehen sein, durch die sich nachprüfen läßt, daß sie
  nicht verwendet worden sind'.